Klaus Geyer

KNX-Anlagen –
Fehlervermeidung bei Planung und Installation

Klaus Geyer

KNX-Anlagen

Fehlervermeidung bei Planung und Installation

VDE VERLAG GMBH

ICS 91.120; 91.140.50; 35.240.99

Bibliografische Information der Deutschen Nationalbibliothek
Die Deutsche Nationalbibliothek verzeichnet diese Publikation in der Deutschen Nationalbibliografie; detaillierte bibliografische Daten sind im Internet über http://dnb.dnb.de abrufbar.

ISBN 978-3-8007-4349-0 (Buch)
ISBN 978-3-8007-4350-6 (E-Book)

Titelbild: Ulrich Beuttenmüller

Druck: Hubert & Co. (GmbH und Co. KG), Göttingen
Printed in Germany 2017-10

Vorwort

KNX ist eine Technik, die fasziniert, unglaubliche Möglichkeiten schafft und dennoch oft verflucht wird.

Spätestens, wenn der fünfte Kunde im Verkaufsgespräch erwähnt, dass sein Kollege KNX hat und dieser ihm abrät, ein solches System zu installieren, macht man sich Gedanken, wo der Fehler im System ist. Hinzu kommen die steigenden Anfragen zum Überarbeiten von bereits bestehenden Anlagen. Genauer betrachtet kommt man dann schnell zu der Erkenntnis, die Wurzel des Problems ist in den meisten Fällen die fehlende oder mangelhafte Planung.

Daher wende ich mich mit diesem Buch an alle, die in Erwägung ziehen, sich mit einer KNX-Anlage zu beschäftigen. Zum einen der Installateur, dem ich ein paar Tipps mit auf den Weg geben möchte, seine Vorgehensweise zu überdenken und zu verfeinern. Zum anderen möchte ich dem Architekten und Bauherrn ein Mittel an die Hand geben, damit diese wissen, was sie selbst dazu beitragen müssen, damit ein Projekt gelingt.

Ein Buch als Anregung, das eigene Tun und Handeln zu überdenken. Doch sollte ich Ihnen lieber bereits eingangs die Illusion nehmen, dass Sie mit diesem Buch einen verbindlichen Leitfaden zur perfekten Planung in Händen halten. Wie beim KNX verhält es sich auch hier: Es kommt darauf an, was man daraus macht.

Für Anregungen und Kritik wäre ich jedem Leser dankbar. Viel Spaß bei der Lektüre!

Eckental, August 2017 *Klaus Geyer*

Inhaltsverzeichnis

1 Einleitung – Der Ausgangspunkt

Ich möchte dieses Buch mit einer kleinen Geschichte beginnen, an deren Ende eine Frage steht, die sich wie ein roter Faden durch dieses Buch ziehen wird.

1994, unser erstes Wohnhaus mit einer EIB/KNX-Installation ist fertiggestellt, die Familie ist kurz vor Weihnachten eingezogen. Anfang Januar sind wir nochmals vor Ort, um ein paar Kleinigkeiten anzupassen und die Anlage final fertigzustellen. Im Gespräch mit der Bauherrin fällt folgender Satz:

„Hallo Herr Geyer, wir hatten über Weihnachten Besuch von meiner Schwester. Sie fragte mich, ob man im WC auch das Licht einschalten könne."

Um den Gedanken erst gar nicht aufkommen zu lassen: Das Licht war programmiert und nicht vergessen. Daher möchte ich auf die Situation etwas näher eingehen. Im Bauvorhaben kam das Schalterprogramm Gira S-Color zum Einsatz. Da die Produktauswahl zu diesem Zeitpunkt noch sehr überschaubar war, wurde dort ein 4-fach Sensor gewählt. Passend zu den Funktionen im Raum: Deckenbrennstelle, Spiegelleuchte, Lüfter und Rollo.

Vier Funktionen, vier Schaltmöglichkeiten. Die erste Wippe für das Deckenlicht, links Ein, rechts Aus. Die zweite Wippe Spiegelleuchte, links Ein, rechts Aus. Dritte Wippe Lüfter, links Ein, rechts Aus. Die vierte und somit untere Wippe für das Rollo links Auf, rechts Ab. Betrachtet man es aus Sicht eines Technikers mit dem Wissen aus den Lehrgängen, kommt man zu dem Ergebnis, alles richtig gemacht zu haben und dennoch alles falsch. Viele Techniker würden an dieser Stelle in den Raum gehen, rechts die Wippe betätigen und die Frage mit einem kurzen „Na geht doch" beantworten und sich über die Bauherrin wundern.

Dazu fällt mir ein Zitat von Stephen R. Covey ein: *„Die meisten Leute hören nicht zu, um zu verstehen, sondern um zu antworten".*

Mich hat die Frage zum Nachdenken gebracht und sie begleitet mich bis zum heutigen Tag. Die Frage ist sicherlich auch einer der Auslöser für dieses Buch und sie wird uns immer wieder begegnen. Die Situation hat auch dazu geführt, dass ich mir vor jedem Projekt die Frage stelle: *„Wie benutzt der Mensch die Technik und mit welchem Ziel?"*

Dieser Denkansatz ist Grundlage für dieses Buch. Sie werden schnell feststellen, dass viele Beispiele aus dem Wohnbau kommen. Die Erfahrung zeigt, dass der Wohnbau in der Form und der Vielfalt der Funktionen in der Regel komplexer ist als ein Zweckbau. Da die technischen Funktionen und das Vorgehen bei beiden Aufgabenstellungen annähernd gleich sind, können die Anregungen leicht angepasst auf den Zweckbau übertragen werden. Besonderheiten des Zweckbaus werden separat kurz angesprochen (s. Kapitel 4).

Ein weiterer Auslöser, ein Buch in dieser Form zu verfassen, ist die Tatsache, dass wir als Unternehmen seit einiger Zeit mit Aufträgen konfrontiert werden, bereits ausgeführte Programmierungen zu überarbeiten. Betrachtet man diese Installationen, können immer wieder ähnliche Probleme festgestellt werden.

1.1 Häufig auftretende Probleme bei Planung und Installation

- Allgemein fehlerhafte Planung.
- Falsche Beratung, lückenhafte Erklärungen, Erläuterungen sind zu technisch gefasst und werden vom Kunden nicht richtig verstanden.
- Lückenhafte und nicht dokumentierte Absprachen.
- Fehlende oder falsch eingeschätzte Kosten der Programmierung.
- Fehlende Übersicht und somit falsche Kalkulation.
- Programmierer nicht auf dem neuesten Stand der Technik.
- Schlechte Ausbildung des Programmierers, fehlendes Detailwissen.
- Lückenhaftes Fachwissen.
- Mangelnde Erfahrung.
- Selbstüberschätzung.
- Falsche Einschätzung des Projektumfangs.
- Nichtbeachtung der Normen und Vorschriften.
- Fehlende Struktur in der Programmierung.
- Falsche Auswahl der Applikation in der ETS.
- Unkenntnis der Schnittstellen.
- Falsche Produktauswahl.
- Der Versuch, eine Standardinstallation in die KNX-Welt zu übertragen.
- Nicht durchdachte Bedienung.
- Fehlende Berücksichtigung und Planung für den Fall eines Spannungsausfalls und Wiederkehr der Spannung.

- Benötigte Teilungseinheiten wurden nicht berechnet, in der Planung wurden Reserven nicht berücksichtigt, damit sind häufig die Verteiler zu klein.
- Falsche oder fehlende Beschriftung der Gruppenadressen in der ETS.
- Fehlende oder nicht strukturierte Gruppenadressen zur Visualisierung.
- Planloser, nicht durchdachter Einsatz von Linien und Bereichskopplern; Filtertabellen nicht in alle Koppler geladen; zum Teil werden erst gar keine angelegt.
- Falsche Adressierung von Kopplern und Schnittstellen.
- I-Flag mehrfach vergeben.
- Szenen werden nicht hinreichend definiert.
- Fehlerhafte Installation, falsche Leitungsführung und Verdrahtung; dazu gehört zum Beispiel der Bau eines Rings.
- Nicht getestete Logik wird eingesetzt.
- Ausprobieren in der Kundenanlage.
- Nach einem Zentral Aus muss der Nutzer auf den Schalter zweimal drücken, um die gewollte Funktion auszulösen.
- Zykluszeiten von Schnittstellen und Bauteilen, z. B. Wetterstation, falsch gewählt.
- Anlagen werden vor Übergabe nicht hinreichend geprüft, der Kunde wird zum Prüfer im Betrieb.
- Nachlässige und lückenhafte Beschreibung und Dokumentation.

Versäumnisse der Hersteller

Natürlich liegen einige der Fehler nicht nur an den Technikern, die vor Ort beim Kunden stehen, auch die Industrie hat hier ihren Anteil. Diese Unzulänglichkeiten müssen sowohl vom Ersteller der Anlage als auch vom Programmierer erkannt werden. Ohne deren Kenntnis kann nicht darauf reagiert werden und es entstehen Folgefehler. Hierzu zählen Dinge aus dem Bereich des Marketings, wie vollmundige Werbeversprechen. Ein Beispiel ist hier die lückenhafte Beschreibung der Funktion „Fenster offen – Heizung aus – Energie gespart". Dass diese Funktion bei Fußbodenheizungen wenig Sinn ergibt, ist jedoch nicht beschrieben. Hier wird von der Industrie davon ausgegangen, dass der Ersteller dies beim Kunden schon richten wird. Auch die Beschreibungen der Produkte lassen häufig zu wünschen übrig. Ebenso bekommen die Ersteller Produkte, deren Software noch Fehler aufweist oder nicht vollständig ist. Eine Information, was hier noch im Argen liegt, wird jedoch erst nach mehrmaligem Fragen über die Hotlines in Erfahrung gebracht. Es ist auch bei einigen Herstellern nicht sofort auf den ersten Blick zu erkennen, welche Applikation zu dem vorliegenden Produkt verwendet werden muss.

1.2 Kernpunkte eines guten KNX-Projekts

- Eine gute Planung – diese beginnt bei der Erfassung aller Faktoren; benötigt werden dann ein Installationsplan, eine Kabelliste, ein Verteilerplan, Linienplanung.
- Ein Pflichtenheft oder eine für alle Beteiligten verständliche Leistungsaufstellung.
- Eine fortlaufende Dokumentation, immer aktuelle Daten, in der Installation beschriftete Kabel und nummerierte Adern.
- Kenntnis des Leistungsumfangs und der Produkte benachbarter Gewerke.
- Klare Definition der Schnittstellen zu benachbarten Gewerken; diese sind schriftlich zu erfassen, um Diskussionen und Kosten zu vermeiden.
- Nutzung von Netzplantechniken – (frühester möglicher Beginn, frühestes mögliches Ende, spätester möglicher Beginn, spätestes mögliches Ende unter Berücksichtigung der Abhängigkeiten).
- Die Fähigkeit, Zusammenhänge zu erfassen und Abhängigkeiten zu erkennen.
- Die Fähigkeit, Synergien zu erkennen, zu erfassen und zu nutzen.
- Die Fähigkeit, sich selbst zurückzunehmen und nutzerorientiert zu denken.
- Die Fähigkeit, das Ziel zu erkennen und in den Vordergrund zu stellen.
- Lösungsorientiert und nicht umsatzorientiert denken und dennoch nicht den Ertrag aus den Augen verlieren.
- Nie den Zeitaufwand aus den Augen verlieren,
- Eine gute Ausbildung des Programmierers.
- Strukturiertes Arbeiten.
- Eine zeitgemäße technische Ausstattung und die passenden Werkzeuge.
- Eine gute Produktkenntnis und Produktübersicht.
- Eine objektive Selbsteinschätzung zu wissen, wo die eigenen Grenzen sind.
- Im Zweifel zu wissen, wen man fragen muss und der Mut, diese Fragen auch zu stellen.
- Die Kenntnis über Sinn und Unsinn sowie die Möglichkeiten zur Lösung von Aufgabenstellungen.
- Um Logik erstellen zu können, ist Kenntnis der Booleschen Algebra Pflicht.
- Eine Entwicklung und ein Test von Logik darf nie auf der Baustelle erfolgen. Nur die Kontrolle muss vor Ort ausgeführt werden

- Verständnis und Gefühl für Ausstattung und Bedienung sowie optische und akustische Belange.
- Szenen werden dynamisch und durch den Kunden veränderbar angelegt.
- Bei der Verdrahtung werden die Adern weiß und gelb immer durchverdrahtet. Wird für eine Zusatzspannungsversorgung von Sensoren oder Geräten zur Anzeige eine zusätzliche Spannung benötigt, kann diese nun immer und zu jeder Zeit einfach nachgerüstet werden, ohne alle Bauteile in der betroffenen Linie wieder ausbauen zu müssen.
- Bei der Funktion Toggeln/Umschalten wird an den Tastsensoren immer die zentrale Gruppenadresse mit angelegt.
- In jedem Bauteil werden bereits in der Erstprogrammierung alle Gruppenadressen angelegt, auch wenn diese unter Umständen noch nicht gebraucht werden. Dies stellt einen unerheblichen Aufwand dar.

2 Die Vorbereitung

2.1 Die Vorbereitung auf das Projekt

Am Anfang stehen ein paar Fragen, die sich jeder Besteller und Ersteller beantworten sollte. Um dies zu erleichtern, zeigt Ihnen dieses Buch Anregungen und Vorgehensweisen auf, die Ihnen im Berufsalltag als Hilfestellung dienen können. Alle hier aufgezeigten Verfahren, Listen, Dokumente und Planungsgrundlagen sind im Arbeitsalltag entstanden und wurden immer wieder angepasst. Wichtig ist hier zu erwähnen, dass alle Verfahren Anregungen sind und nicht den Anspruch der Allgemeingültigkeit haben. Möglicherweise kommt nun der Einwand: „Ja, aber jedes Projekt ist doch anders." Und dennoch sind die Verfahren immer gleich. Daher ist es ratsam, sein Vorgehen zumindest in Teilbereichen zu standardisieren. Um einen Standard schaffen zu können, müssen wir uns mit den „W-Fragen" beschäftigen: Warum, Was, Wie, Wann. Auch hier wird sich schnell zeigen, dass es keinen allgemein verbindlichen Weg gibt. Wir werden feststellen, dass viele Wege zum Ziel führen. Daher wird es umso wichtiger, seinen eigenen Weg zu finden. Dies wird nur dann möglich sein, wenn wir unser Tun und die Vorgehensweise immer wieder hinterfragen und die Erfahrungen aus jedem Projekt in zukünftige Projekte einfließen lassen. Anmerkungen von Kunden sollten nicht als Angriff, sondern als Anregung aufgefasst und diese zur Verbesserung unserer Leistung genutzt werden. Widmen wir uns daher der ersten W-Frage.

Warum gibt es KNX und braucht man diesen Standard überhaupt?

Grundsätzlich braucht kein Mensch KNX, aber es ist schön, ihn zu haben. Vieles wird erleichtert, er macht das Leben bequem und bringt Komfort, sowohl bei der Installation als auch bei der Bedienung durch den Nutzer. Funktionen lassen sich darstellen und den Bedingungen, Wünschen und dem technisch Nötigen anpassen; zielgenau, übergreifend und herstellerunabhängig.

Bereits an dieser Stelle möchte ich über den Tellerrand schauen und einen Blick in andere Branchen werfen. Hat sich jemals ein Nutzer beim Kauf seines PKWs gefragt, ob er in seinem Wagen ein CAN-Bus-System braucht? Ich denke, die Frage kann man zum überwiegenden Teil mit nein beantworten. Er wird nach den Funktionen fragen, den Komfort erkennen und feststellen, dass es nicht mehr nötig ist, in den Kfz-Zubehörhandel zu gehen, um sich zum Beispiel elektrische Scheibenhebermotoren zum Anbau auf die Kurbel zu kaufen. Die Kfz-Industrie zeigt uns Lösungsmöglichkeiten, sie bietet uns Funktionen an. Die Frage lautet hier, Sportpaket oder Komfortvariante und nicht CAN-Bus oder 12-V-Standard. Die Fahrzeugindustrie macht uns vor, wie man in kleinen Schritten immer fortschrittlicher wird, indem man dem Kunden zuhört und reflektiert, was wie an Innovationen genutzt werden kann.

Lernen von anderen Gewerken heißt für uns, hinschauen, erkennen, übertragen und anwenden.

Ein Vorgehen, das wir uns zunutze machen müssen. Der KNX ist hier der Schlüssel und ermöglicht uns, in Bausteinen und Funktionen zu denken und zu planen. Dies kann nur strukturiert erfolgen. Diese Struktur zu erkennen und zu entwickeln, ist Ihre oberste Aufgabe. Daher wollen wir in diesem Buch die Begriffe Funktionen, Bausteine und Planen genauer betrachten. Dies beginnt mit den grundsätzlichen Fragen:

Was wollen wir erreichen? Wie lautet die Aufgabenstellung?

- Die Aufgabe moderner Haustechnik ist es, Wohn- und Arbeitswelten intelligent zu steuern und dabei auf individuelle Gestaltungswünsche und Wohnqualität Rücksicht zu nehmen.
- Von Bedeutung sind dabei die Aspekte Komfort, Wirtschaftlichkeit, Energieeffizienz und Repräsentation. In diesem Sinne vernetzt KNX Funktionen wie Beleuchtung, Klima, Sicherheit und Multimedia für eine dezentrale und smarte Steuerung, mit der Möglichkeit der zentralen Bedienung.

Die Industrie stellt uns hier eine Vielzahl von Bausteinen in Form von Produkten und Dienstleistungen zur Verfügung, die uns in die Lage versetzen, diese Aufgaben zu erledigen. Die Problematik der Vielzahl ist jedoch, die Übersicht zu behalten und auch das richtige Produkt für den gewünschten Einsatz zu finden. Umso wichtiger ist es, das Gebäude mit dem Nutzer und der Technik in Einklang zu bringen. Dies bedarf einer genauen Planung.

2.2 Die Vorbereitung auf das Kundengespräch

Eine gute, fundierte Planung ist die Grundvoraussetzung für ein erfolgreiches Projekt. In der Regel begegnen uns an dieser Stelle zwei unterschiedliche Ausgangslagen: Entweder hat der Kunde nur eine grobe Vorstellung und einen Bauplan oder es liegt bereits eine fertige Ausschreibung vor.

Bei beiden Möglichkeiten muss final klar sein, was der Kunde genau erwartet und ob die Erwartungshaltung zu Ihren Möglichkeiten passt. Sie müssen hier bereits erkennen, ob Sie tatsächlich in der Lage sind, die gewünschte Leistung auf Grund Ihrer Ausbildung, Ihrer technischen Ausstattung sowie Ihrer Zeit und den zur Verfügung stehenden Ressourcen erfüllen zu können.

Und genau hier fangen die Probleme bereits an. Der Kunde kommt mit einer Anfrage zu Ihnen und möchte von Ihnen ein Angebot. Dieses lässt sich aber ohne eine Planung nicht erstellen. Treffen Sie zu diesem Zeitpunkt bereits eine Aussage zu einem Preis, haben Sie bereits alles falsch gemacht, was man falsch machen kann. Das Projekt ist bereits verloren. Ist der genannte Betrag zu gering, können Sie die Vorstellung des Kunden und die nötigen technischen Vorgaben nicht wirtschaftlich erfüllen. Schätzen Sie den Aufwand zu hoch, sprengen Sie den Etat und der Kunde wird sich für eine andere Lösung entscheiden.

Bereiten Sie sich bereits im Vorfeld auf das Kundengespräch vor. Entwickeln Sie verschiedene Lösungsvorschläge. Diese sollten Ihren Fähigkeiten und Möglichkeiten entsprechen, denn nur Sie selbst können beurteilen, über welche Möglichkeiten Sie verfügen.

Da Sie in der Regel einem Laien gegenübersitzen, müssen Sie die Möglichkeiten klar aufzeigen. Dazu sollten Sie auf fertige Lösungen zurückgreifen. Gemeint sind Lösungen, die Sie bereits erarbeitet und umgesetzt haben. Lassen Sie sich hier auf keinen Fall dazu verleiten, Dinge zuzusagen, ohne diese vorab schon einmal umgesetzt zu haben. Diese Lösung kann natürlich auch aus einem Test oder Übungsumfeld kommen. Was uns zu den nächsten W-Fragen führt.

2.3 Das Baustein-Prinzip

Welche Funktionen können wir anbieten und welche dieser Funktionen sind vom Kunden gewünscht? Ab wann ist es sinnvoll, KNX einzusetzen?

Bild 2.1 zeigt eine Übersicht an Bausteinen, die als Grundlage der Analyse dient.

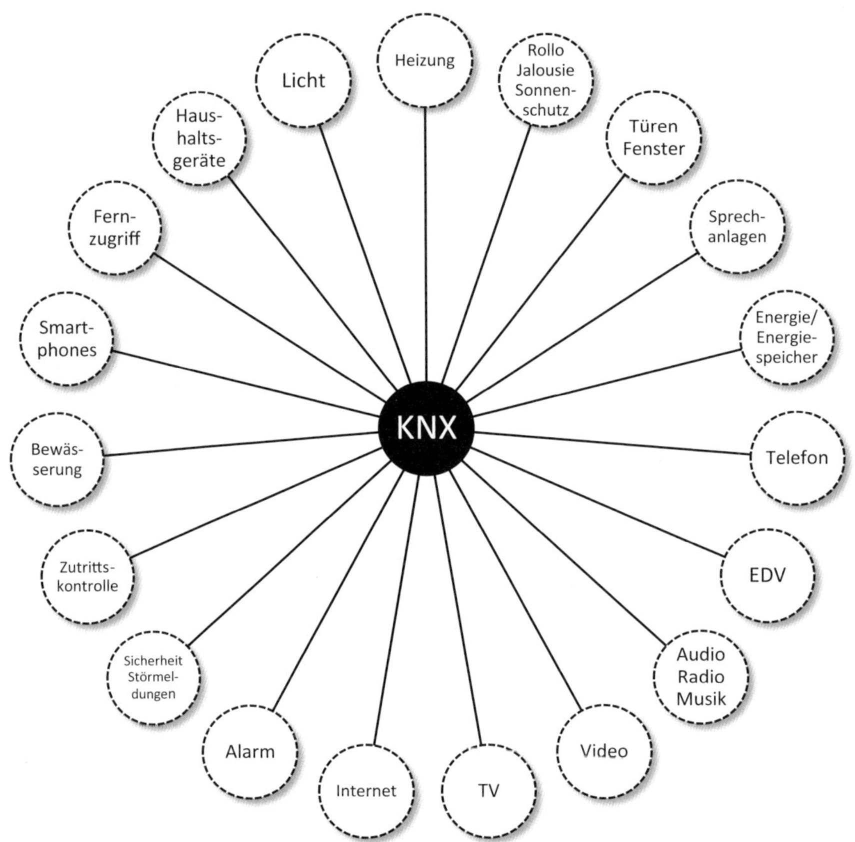

Bild 2.1 Bausteine eines KNX-Projekts

Mit all diesen Bausteinen sollten Sie sich auseinandersetzen. Alle werden Ihnen im Laufe Ihrer Projekte in irgendeiner Form begegnen. Zu all diesen Bausteinen können Sie Lösungsvorschläge anbieten. Daher fragen Sie Ihren Kunden ab, über welche dieser Bausteine er sich bereits Gedanken gemacht hat und erfassen Sie, welche Lösungsansätze er in Erwägung gezogen hat. Wenn Sie sich auf das Gespräch gut vorbereitet haben, können Sie ihm nun die gewünschte Hilfestellung geben oder das Gespräch in die Richtung Ihrer Möglichkeiten lenken. Viele der aufgeführten Punkte sind gewerkeübergreifend und bedürfen dann einer Klärung der Schnittstellen. Ein Beispiel hierfür sind die Türen: Sind eine Zutrittskontrolle und ein elektrisches Schloss gewünscht sowie eine Sprechanlage und eine Alarmanlage, so haben Sie vier Schnittstellen und unter Umständen vier Lieferanten. Hier müssen Sie sich bereits im ersten Gespräch klar positionieren und wissen, wie Sie dies umsetzen.

Weisen Sie den Kunden darauf hin, dass Sie ihm im ersten Schritt alle Möglichkeiten aufzeigen und da Sie in Zukunft in Bausteinen denken und anbieten werden, hat er dann jederzeit die Möglichkeit, diese seinen Befindlichkeiten nach Priorität und Etat anzupassen. Eine Leistung im Findungsprozess nach unten zu korrigieren ist einfacher, als sie während der Ausführung als zusätzliche Leistung nachzureichen. Bei einer gewissen Unentschlossenheit sehen Sie die Leistung als Option vor, somit kann diese nicht in Vergessenheit geraten und ist in einer späteren Programmierung zumindest angedacht und vorgesehen, wenn auch noch nicht ausgeführt. Dieses Vorgehen ist für die Struktur einer Programmierung extrem wichtig.

3 Das Nutzerverhalten

3.1 Die weichen Faktoren in einem KNX-Projekt

Ein wesentlicher Punkt bei der Planung eines Projekts ist der Nutzer:

- Wie verhält sich dieser?
- Wie wird er die Anlage nutzen?
- Welchen Anspruch genießt er?
- Welche Zielsetzung hat er?
- Welche Möglichkeiten wünscht er?
- Wie sieht seine Erwartungshaltung aus?

Selbst die Lebensumstände können Aufgaben auf den Plan rufen, die zu bedenken sind. Ein Zwei-Personen-Haushalt muss anders behandelt werden als ein Objekt, das als Mehrgenerationen-Haus dient.

Außerdem zu beachten:

- Handelt es sich bei den Nutzern um eher technisch affine Menschen oder liegt die Begabung eher in anderen Bereichen?
- Gibt es Menschen mit einem Handicap im Haushalt oder leben pflegebedürftige Menschen dort?
- Nutzt das Gebäude jemand mit, der eher Berührungsängste hat?
- Wie alt sind die Nutzer? Leben auch Kinder im Gebäude?
- Dient das Gebäude nur zu Wohnzwecken oder wird dort auch gearbeitet?

Bei diesen genannten Punkten handelt es sich um **weiche Faktoren**. Bezieht man diese nicht mit in das Konzept ein, kann das Projekt nicht gelingen. Auch wenn bei der Umsetzung aus technischer Sicht alles richtig gemacht wurde, wird es nicht gelingen, Akzeptanz und Zufriedenheit bei den Nutzern zu erlangen.

Daher möchte ich dieses Kapitel mit einem Zitat von *Calvin Coolidge* beginnen: *„Zuhören können ist der halbe Erfolg“*.

Eine Aussage, die sich beim aufmerksamen Lesen dieses Buches sicher immer wieder bestätigt.

Sie werden schnell feststellen, dass Sie immer mit den gleichen Bedenken seitens der Kunden konfrontiert werden. Auch die Vorstellung dessen, was KNX leisten soll, wird immer von den gleichen Vorurteilen und den vorab gefassten Eindrücken geleitet sein. Bereiten Sie sich auf diese Gespräche vor und erklären Sie einfach, verständlich und ohne viele technische Details Funktionen und Zusammenhänge kurz und bündig. Vermeiden Sie weitestgehend technische und fachliche Begriffe.

Dies wird nur dann gelingen, wenn Sie alle vorgenannten Funktionen und Zusammenhänge lösungsorientiert behandelt haben. Um bei dem Beispiel mit der Tür aus Abschnitt 2.3 zu bleiben: Ist es für den Kunden eine Selbstverständlichkeit, dass er die Tür sowohl von der Zutrittskontrolle als auch über die Sprechanlage oder über weitere Bedienmöglichkeiten öffnen kann? Ob dies nun über Aktorkanäle, Schnittstellen oder sonstige Bauteile erfolgt, ist für ihn nicht von Interesse. Es soll nur funktionieren.

Viele der Funktionen kann man im Vorfeld festlegen. Hier sollte das **Baustein-Prinzip** zum Einsatz kommen; sowohl in Sicht auf die benötigten Bauteile und Schnittstellen als auch in Bezug auf die Nutzung. Denkt und arbeitet man in und mit Bausteinen (siehe Abschnitt 2.3), sind diese in den einzelnen Bereichen bei Bedarf beliebig austausch- und veränderbar, ohne gleich das gesamte Konzept in Frage stellen zu müssen. Dieses Vorgehen hat auch den Vorteil, dass im Fall der Unentschlossenheit oder bei Etat-Problemen schnell reagiert werden kann.

Ein weiterer Punkt ist die Nutzung selbst:

- Wie bewegen sich die Nutzer im Gebäude?
- Wie werden sie die Anlage bedienen?
- Was geschieht im Fehlerfall? Wie kann man hier schnell und ohne Ängste zu wecken Hilfe gewährleisten?

3.2 Die drei Bedienebenen

Es lassen sich drei Bedienebenen unterscheiden: Zum einen die Handbedienebene, wie Aktoren, die eine Handbetätigung haben sollten. Dies hat den großen Nutzen, dass man sehr schnell Hilfe gewährleisten kann, indem man dem Nutzer im Fehlerfall oder zu Testzwecken die Möglichkeit gibt, direkten Einfluss auf eine Schaltfunktion zu nehmen. Auch im Servicefall kann ein anderes Gewerk ohne genauere Kenntnis der Anlage seine Aufgaben erledigen.

Die zweite Ebene ist die Bedienebene der Sensoren, Schalter und Taster. Diese Ebene bedarf der meisten Aufmerksamkeit. Grundsätzlich muss dem Nutzer ein Vorschlag unterbreitet werden. An dieser Stelle werden im Markt die meisten und größten Fehler gemacht. **Es entscheidet sich hier, ob die Anlage und die Leistung des Erstellers durch die Nutzer angenommen und akzeptiert werden.** Je einfacher und übersichtlicher diese Ebene gestaltet wird, desto größer ist die Akzeptanz. So bietet der KNX auch sein größtes Potenzial, so entsteht seine Daseinsberechtigung. Aber genau hier liegt auch die größte Gefahr, sich zu verrennen. Daher ist es unausweichlich, genau an diesem Punkt dem Nutzer zur Seite zu stehen und ihn durch die Funktionen unter Berücksichtigung der Bedienung durch das Gebäude zu führen. Es muss Ihnen bewusst sein, dass es nicht zielführend ist, in Ein/Aus, Hell/Dunkel oder Auf/Ab zu denken. Es ist der Bereich der Szenen, Gruppen, Sequenzen, Regelungen und des Designs. Die Ebene, die die Spreu vom Weizen trennt. Die Ebene, die schön, funktional und intuitiv ist oder hässlich, lästig und nicht zu bedienen, fehlerbehaftet und verwirrend. Das ist, was bleibt als Eindruck und Ergebnis.

Die dritte Ebene ist die übergeordnete Ebene in Form einer Visualisierung oder einer mobilen Bedienung. Diese hat den Vorteil, dass hier alles gezielt und frei bedienbar ist. Aber auch in dieser Ebene sind die Struktur und Übersichtlichkeit sowie das intuitive Bedienen die Voraussetzung zur Akzeptanz.

Alle Ebenen müssen dem jeweiligen Nutzer und dessen Verhalten angepasst werden. Dies bedarf einer genauen Planung und der schriftlichen Niederlegung. Natürlich dürfen hier Ihr eigenes Wissen und Ihre Fähigkeiten nicht in Vergessenheit geraten. Im Zweifel hohlen Sie sich extern Rat und Tat.

Bei der Übergabe der fertigen Anlage an den Kunden sind die Dokumentationen und Unterlagen sowie eine Kopie der Programmierung zu übergeben. Eine Bedienungsanleitung wäre angebracht:

- Wie lassen sich Sensoren und Taster bedienen?
- Wie werden Zeitschaltuhren bedient?
- Wie werden Szenen richtig verwendet, aufgerufen, verändert?
- Wie kann eine Anwesenheitssimulation ausgelöst werden?
- Wie können Grenzwerte, Umschaltbereiche verändert und genutzt werden?
- Was ist im Störungsfalle zu tun?

Ein Grundsatz, den es zu beachten gilt: Die Technik sollte sich dem Menschen anpassen und nicht der Mensch der Technik.

Muss der Nutzer im täglichen Betrieb darüber nachdenken, wie er dies oder das bedient, sind die Programmierung, das Bauteil, die Funktion verloren.

4 Unterschiede von Zweckbau und Wohnbau

Die Unterschiede im Bereich Zweckbau und Wohnbau beschränken sich in erster Linie auf die Art der Funktionen, die Vielfältigkeit sowie auf die Zielsetzung.

Im Zweckbau liegt der Fokus im Bereich der Wirtschaftlichkeit. Der Wohnbau hingegen lebt vom Komfort.

Unterschiede ergeben sich auch durch die unterschiedliche Betrachtung der Nutzer. Beim Zweckbau handelt es sich bei den Nutzern zum überwiegenden Teile um Gäste, wobei ich Angestellte und Arbeitnehmer auch zu den Gästen zähle. Der Wohnbau gibt dem Nutzer dagegen eine Heimat und muss auch entsprechend behandelt werden, der Gast ist hier eher Beiwerk, was allerdings auch berücksichtigt werden muss.

Die Herangehensweise bleibt jedoch die gleiche, nur das Ziel ist etwas anders gelagert. Da die Erfahrung gelehrt hat, dass der Wohnbau in den einzelnen Funktionen komplexer und anspruchsvoller ist, werde ich mich auf die Darstellung im Wohnbau beschränken. Das Vorgehen kann jedoch komplett auf den Zweckbau übertragen werden. Da sich der Zweckbau in der Regel in Teilbereichen immer wiederholt, ist dies sehr einfach in der Praxis anzuwenden.

5 Das Kundengespräch

Vor jedem Projekt steht die Analyse der Aufgabe, dafür ist das Kundengespräch eine zwingende Voraussetzung. Wie Sie dem Begriff Kundengespräch bereits entnehmen können, spricht der Kunde. Sie haben die Aufgabe, diesem Gespräch zu entnehmen, was von Ihnen erwartet wird. Sie haben hier die Gelegenheit, das Gespräch so zu lenken, dass Sie alle nötigen Informationen erhalten, die Sie brauchen, um letztlich Ihrem Kunden ein Konzept vorzulegen, das dessen Vorstellungen entspricht und als Grundlage Ihres Angebots dienen kann. Hierzu benötigen Sie vom Kunden die entsprechenden Baupläne oder – wenn bereits vorhanden – Installationspläne und Beschreibungen.

Verwenden Sie in diesem Gespräch ein bereits vorbereitetes Musterraumbuch! Dieses Musterraumbuch sollte alle Möglichkeiten, Funktionen und Schnittstellen enthalten. Dadurch haben Sie die Sicherheit, keinen Punkt zu vergessen und Sie geben dem Kunden die Anregung, über Dinge nachzudenken, die ihm bis zu diesem Zeitpunkt noch nicht bewusst waren. Das Kundengespräch dient immer der Erfassung und muss zwingend geführt werden. **Achten Sie darauf, dass Sie sich hier nicht in technischen Details verlieren, beantworten Sie nur Fragen, die eine kurze und verständliche Antwort ermöglichen.** Als Ziel sollten Sie die Grundlagenermittlung vor Augen haben.

Zu den Grundlagen gehören:

- Anzahl und Art der Nutzer
- Anspruch der Nutzer
- Bauplan, Art und Aufteilung der Räume
- Gebäudekategorie
- Ausstattung und Nutzung der Raume
- Außenanlage, Zugänge, Wege, Nutzung von Außenflächen
- Schnittstellen und gewünschte Funktionen
- Musterraumbuch
- Vorschläge in Bezug auf das Pflichtenheft

Ausgehend vom Kundengespräch können Sie nun ein Konzept und ein Angebot zur Planung des Projekts erstellen, das Sie in einem zweiten Gespräch – dem

Beratungsgespräch – darlegen. Da es sich um ein Beratungsgespräch handelt, sind nun Sie derjenige, der spricht. Erklären Sie Ihrem Kunden das Konzept und den Fakt, dass es ohne eine konkrete Planung nicht geht.

Übergeben Sie das Raumbuch und gehen Sie die Punkte Raum für Raum mit dem Kunden durch. Dies schafft Vertrauen und Sie haben die Gewissheit, dass Sie alle wesentlichen Punkte besprochen haben. Da Sie nach DIN eine Beratungspflicht haben und diese auch nachweisen müssen, haben Sie just in diesem Moment auch diesen Punkt erledigt. Es kann Ihnen zu keinem Zeitpunkt jemand vorwerfen, hier unkorrekt gehandelt zu haben.

Nun unterbreiten Sie Ihr Angebot zur Planung des Projekts. Eine Planung braucht Zeit und dies wiederum erzeugt Kosten, daher das Angebot zur Planung. Hier bleibt es Ihnen überlassen, ob Sie diese im Falle eines Auftrags in Verrechnung bringen. Ich gebe aber zu bedenken: Eine Planung, die nichts kostet, ist auch nichts wert.

6 Das Raumbuch

Das Raumbuch ist eine Sammlung dessen, was in einem Gebäude wo und wie zur Ausführung kommt. Gut vorbereitet ist es die Grundlage zur Ermittlung des Bedarfs und in der weiteren Bearbeitung auch Grundlage des Pflichtenheftes.

Aus dem Raumbuch können auch die KNX-Adressen erzeugt werden, die dann wiederum in die ETS importiert werden. **Voraussetzung hierfür ist, dass Sie das Raumbuch mit einem Tabellenkalkulationsprogramm erstellen.** Einmal angelegt und im Zuge der laufenden Projekte immer auf dem Laufenden gehalten, dient es auch zur Projektkontrolle.

Ich stelle Ihnen hier Ausschnitte eines Musterraumbuchs mit entsprechenden Kommentaren vor, das Sie als Gedankenstütze und Anregung für Ihr eigenes Dokument verwenden können. Anmerkungen und Kommentare werden kursiv dargestellt und sollten nicht für den Kunden einsehbar benutzt werden.

Ein Raumbuch sollte immer aus mindestens zwei Teilen bestehen. Zunächst die allgemeinen Informationen, die das gesamte Gebäude betreffen bzw. die technische Ausstattung im Allgemeinen beschreiben. Im zweiten Teil werden die einzelnen Räume und deren Ausstattung gelistet. Das Musterraumbuch sollte auch auf alle DIN-relevanten Dinge hinsichtlich der Ausstattung eingehen. Die im Musterraumbuch genannten Ausstattungen sind in Anlehnung an DIN 18015 entstanden. Abweichung können somit begründet und dokumentiert werden. Wie bereits erwähnt ist auch hier die Grundlage, in Bausteinen zu denken und diese in die Gestaltung einfließen zu lassen.

6.1 Raumbezeichnungen

Bereits in diesem Stadium sollte darauf geachtet werden, dass bei der Erstellung des Raumbuches genau jene Namen der Räume verwendet werden, die dann in Folge auch bei der Programmierung und Visualisierung zum Einsatz kommen. Oft unterscheiden sich diese von Raumbezeichnungen, die der Architekt in den Plänen verwendet. Fragen Sie diese ab und übernehmen Sie die vom Kunden genannten Namen. **Beachten Sie die Zeichenanzahl, denn je nachdem, welche Bauteile Sie verarbeiten, könnte diese beschränkt sein.** Im schlechtesten Fall stehen Ihnen nur 12 Zeichen zur Verfügung. Böse Überraschungen und spätere Änderungen können Sie im Vorfeld vermeiden, wenn Sie die Namen und Bezeichnungen von Beginn an auf 12 Zeichen begrenzen.

Bei der Bearbeitung der Punkte des Raumbuches muss im Beratungsgespräch bereits Rücksicht darauf genommen werden, dass die Punkte selektiv zu bearbeiten sind. Zum einen ergeben sich einige Vorgaben aus der Planung des Architekten und somit aus dem Plan. Diese können und sollten Sie übernehmen und nur kurz hinterfragen. Zum anderen ergeben sie sich aus der Aufbereitung und müssen von Ihnen im Beratungsgespräch nur erklärt werden. Es kommt auch häufig vor, dass das Kundengespräch zu einem Zeitpunkt stattfindet, zu dem noch nicht alle Entscheidungen getroffen sind. Hier haben Sie dann den großen Vorteil, unter Umständen auf die Auswahl von Bauteilen und Herstellern noch Einfluss nehmen zu können und durch Beratung darauf einzuwirken, dass Produkte gewählt werden, die Sie kennen und für die Sie unter Umständen eine fertige Lösung anbieten können.

Nach dem Kundengespräch legen Sie hier bereits fest, ob bei den einzelnen Teilleistungen und Bausteinen eine Einbindung in das KNX-System erwünscht, angedacht (optional) oder nicht erwünscht ist.

Bei einigen der aufgeführten Punkte werden Sie sich denken: „Schnickschnack, das braucht kein Mensch“. Dazu gebe ich Ihnen den Rat: Streichen Sie diesen Gedanken aus Ihrem beruflichen Leben. Der Kunde bestimmt und gerade der „Schnickschnack“ macht den Unterschied.

6.2 Die Inhalte des Raumbuchs

6.2.1 Allgemeine Angaben

Kundenname: ....

Datum der Erstellung: ....

Geprüft und freigegeben am: ....

Änderungsversion: ....

Adresse: ....

Baustellenadresse: ....

Angaben zum Bauwerk: ....
z. B. Massiv-Kalksandstein, Keller wasserdichte Wanne. Diese Angaben sind wichtig, um die richtigen Bauteile, wie Dosen, Durchführungen, Befestigungen, zu wählen.

Dämmung: ....

Diese Angaben sind wichtig, um die richtigen Bauteile, wie Dosen, Durchführungen, Befestigungen, zu wählen.

Bodenaufbau: ....

Achten Sie darauf, dass Sie dies etagenweise bzw. wenn nötig raumweise erfassen. Diese Angaben sind für die Programmierung wichtig, da einige Grenzwerte und Laufzeiten angepasst werden müssen.

6.2.2 Allgemeine technische Angaben

1. Energieversorger: .... Netzform: ....

- Besonderheiten: .... *z. B. Zähleraußensäule*
- Baustrom: .... *z. B. durch Bauunternehmer gestellt*
- Fundamenterder: .... durch wen erstellt .... geprüft durch: ....
- Äußerer Blitzschutz:
  gewünscht bzw. gefordert: durch wen erstellt: .... geprüft durch: ....

2. Innerer Blitz- und Überspannungsschutz: .... *je nach Region, DIN, TAB*

- Grobschutz: ....
- Mittelschutz: ....
- Feinschutz: ....
- Überwachung, Störmeldung: ....

In diesem Punkt vorab ein Vorgehen festlegen und dem Kunden als Beratungsgespräch anbieten. Die Möglichkeiten der Weitergabe und Anzeige richten sich nach der Ausbaustufe der KNX-Installation, daher kann dies nur als Option und situationsabhängig bearbeitet werden.

3. Netzbetreiber: .... *z. B. Telekom, 1&1*

Router:

- bauseits .... wenn ja: Hersteller, Typ ....

Nicht alle Router sind geeignet, um z. B. einen Fernzugang zu gewährleisten. Erstellen Sie sich hier eine Liste, mit welchen Geräten Sie umgehen können.

- durch Netzbetreiber: wenn ja: Hersteller .... Typ ....

Nicht alle Router sind geeignet, um z. B. einen Fernzugang zu gewährleisten. Erstellen Sie sich hier eine Liste, mit welchen Geräten Sie umgehen können.

- Gegenstand der Planung: .... *Tragen sie hier das Gerät ein, das Sie bevorzugen.*

4. Eingesetztes KNX-System ....

Legen Sie fest, mit welchem System und welcher Ausbaustufe Sie die Kundenwünsche umsetzen wollen. Ob KNX drahtgebunden, KNX-RF oder deren Kombination oder vereinfachte Systeme, wie Free@Home, müssen Sie je nach Anforderung festlegen und kommunizieren. Bedenken Sie bei der Auswahl den Funktionsumfang und spätere Ausbaumöglichkeiten. Sie tun sich und Ihrem Kunden keinen Gefallen, wenn Sie zuerst an den Preis und dann an die Funktion und den Bedarf denken. Die Information einer nicht funktionierenden Anlage verbreitet sich gefühlt zehnmal schneller als die Begeisterung über eine tolle Anlage. Dies schreckt potentielle Interessenten ab und raubt Ihnen und Ihren Kollegen die Möglichkeit, weitere Anlagen im Markt zu platzieren. Bei der Verwendung von vereinfachten Anlagen kommen Sie sehr schnell an die Grenzen und nehmen unter Umständen Ihrem Kunden die Möglichkeit, später angedachte Funktionen zu realisieren. Glauben Sie nicht allen Versprechungen einzelner Hersteller und vertrauen Sie nicht darauf, dass Sie immer gut beraten werden. Hinterfragen Sie das Vorgeschlagene und bringen Sie die Wünsche des Kunden auf den Punkt.

6.2.3 Allgemeine Angaben zur Automatisierung

Die Festlegung in diesem Stadium ist Voraussetzung, um weitere Schritte planen zu können, da hier Abhängigkeiten und Ausschlüsse entstehen. Alle Bausteine können theoretisch an den KNX angebunden werden. Zum Teil gibt es auch Synergien, diese können Sie aber nur nutzen, wenn Sie diese auch erkannt haben. Sie werden sich im Verlauf der Lektüre bei vielen Punkten fragen: Was hat das mit dem Buchthema zu tun? Heben sie sich die Frage am besten bis zum Ende auf, Sie werden die Antwort finden.

1. Ist eine übergeordnete Bedienung erwünscht:

Ja: ○ Nein: ○

Wenn ja, welche: ....

Einige dieser Punkte werden zu einem späteren Zeitpunkt nochmals genannt, um genauer darauf einzugehen, wenn die Art der Geräte angedacht ist.

- Mobile Endgeräte, wie mobile Telefone, Tablets: Nein: ○ Ja: ○

Wenn ja, welche und welches Betriebssystem: ....

- PC: Nein: ○ Ja: ○

Wenn ja, welche und welches Betriebssystem: ....

- Touchpanels: Nein: ○ Ja: ○

Wenn ja, welche und welches Betriebssystem: ....

- Telefonanlagen, Telefone: Nein: ○ Ja: ○

Wenn ja, welche: ....

- Fernbedienungen: Nein: ○ Ja: ○

Wenn ja, welche: ....

- Sprachsteuerungssysteme: Nein: ○ Ja: ○

Wenn ja, welche: ....

- Multimediasysteme: Nein: ○ Ja: ○

Wenn ja, welche: ....

- Lastmanagement: Nein: ○ Ja: ○

Auf Grundlage dieser Erfassung die Schnittstelle auswählen:
.... *(z. B. Gira Homeserver, Hager Domovea, Gira X1, EIB-PC)*

Diese Auswahl muss von Ihnen getroffen werden. Sollte ein Vorschlag des Kunden kommen, müssen Sie beraten – vergessen Sie hier nicht, Ihre Fähigkeiten und Produktkenntnisse zu berücksichtigen. Im Zweifel nehmen Sie einen Systemintegrator mit ins Boot. Selbst wenn Sie bereits einen Lehrgang besucht haben, bietet es sich an, die ersten Projekte mit einem Spezialisten gemeinsam abzuwickeln. Wie so oft steckt die Tücke im Detail. Hier sind große Erfahrung und Produktkenntnis von Vorteil, nutzen Sie die Möglichkeit, von erfahrenen Systemintegratoren zu lernen.

Ist eine ***übergeordnete Bedienung*** *gewünscht oder angedacht, muss zwingend darauf geachtet werden, dass alle Bauteile und Schnittstellen* ***bidirektional*** *sind oder zumindest eine Rückmeldung über den Schalt- oder Schließzustand erzeugt werden kann. Bei vielen Bauteilen, z. B. Garagentoren, ist dies nur in Ausnahmen gegeben. Darauf sollten Sie hinweisen, und im Bedarfsfall muss nachgerüstet oder die Auswahl des Produkts geändert werden.*

2. Einbindungen von Systemen und Schnittstellen

Mit diesem Punkt erarbeiten Sie sich die Angaben und Vorgaben sowie die Schnittstellen und Maßnahmen zur Integration im Überblick. Sollte es hier in einzelnen Bausteinen bezüglich einzelner Räume Unterschiede geben, ist es ratsam, diese in der nachfolgenden Beschreibung der Räume nochmals zu erwähnen und je Raum genau zu definieren.

I. Licht

Licht ist Leben. Kern dieser Aussage ist die Tatsache, dass Licht und die Beleuchtungssituation einen großen Anteil an unserem Wohlbefinden haben. Licht ist auch jenes Element, das eine Architektur zum Leben erweckt. Ob ein Gebäude oder ein Raum tot, dunkel oder bedrohlich wirkt, steht im direkten Zusammenhang mit der Lichtsituation. Gemütlich, einladend oder stimmungsvoll ist die Zielsetzung. Architektur, Nutzung und Wohlbefinden müssen sich im Einklang befinden. Der repräsentative Faktor spielt sicherlich auch eine gewisse Rolle.

Klären Sie daher, von wem die Lichtplanung kommt, wie sie erstellt wird und welche Leuchten mit welchem Leuchtmittel zur Ausführung kommen sollen. Steht Ihnen eine Planung mit Dialux oder Relux zur Verfügung, können Sie diese beim Beratungsgespräch mit einsetzen. (Leuchten und Leuchtmittel sowie deren Vorschaltgräte, Netzteile sollten im Einzelnen in der Übersicht der Räume erwähnt werden. Legen Sie hier auch gleich die Namen fest, die dann in der Programmierung verwendet werden sollen. Denken Sie wieder an die 12 Zeichen. Beispiele zu Abkürzungen und Bezeichnungen finden Sie im Anhang.) Die folgenden Punkte müssen Sie in Erfahrung bringen:

- Anzahl und Zweck der Leuchten und Lichtkreise je Raum: ....
- Lichtfarben und Art der Leuchten je Raum: ....
- Ansteuerung:
  - nur Schalten – induktive oder ohmsche Last, Anschlusswerte, Leistung, Spannung
  - Dimmen – je nach Art der Leuchte und des Leuchtmittels
  - Dimmung ohmscher Last über Aktor
  - Dimmung induktiver Last über Aktor
  - Dimmung LED über Aktor

    Vorsicht: LED und Dimmaktor müssen ***kompatibel*** *sein. Entweder Sie bestimmen den Aktor und geben die entsprechende Auswahl der LED-Leuchtmittel vor oder Sie müssen den passenden Aktor auswählen, wenn die Leuchtmittel bereits feststehen.*
  - Dimmung über 0–10 V-Schnittstelle
  - Dimmung über PWM (Pulsweitenmodulation) bei entsprechendem Vorschaltgerät
  - Dimmung und Steuerung über DALI-Vorschaltgeräte
  - Dimmung und Steuerung über DMX-Vorschaltgeräte

- Dimmung und Steuerung über RGB- oder RGBW-Vorschaltgeräte
- Dimmung und Steuerung über ZigBee-Vorschaltgeräte oder Schnittstellen

Bringen Sie hier bereits das Thema der Szenen an.

In der Erstprogrammierung legen Sie alle Gruppenadressen an, inklusive aller Rückmeldeadressen. Auch im Abstellraum oder im Gäste-WC werden bereits die Gruppenadressen für Schalten, Dimmen, Wert, Rückmeldung Schalten, Rückmeldung Wert angelegt. Sollte nun je einer auf den Gedanken kommen, eine Visualisierung verwirklichen zu wollen, ist die problemlos möglich.

Dieses Vorgehen übertragen Sie nun auch auf alle nachfolgenden Bausteine.

II. Rollos, Außenjalousien, Raffstores, Jalousetten, In-Scheiben-Jalousetten, Markisen, Vorhänge, Gardienen, Screens, Beschattungen

Welche Behänge, Sichtschutz oder Beschattung in welchen Räumen Verwendung finden, legen Sie in der Aufstellung der Räume fest. Geben Sie hier die Anzahl und die Anschlussdaten, wie Spannung, Leistung, Laufzeit, mit an. Denken Sie auch hier an die Namen, wie diese Motoren in der Programmierung benannt werden. Fragen Sie ab, welche Motoren zum Einsatz kommen. Die Auswahl des Aktors muss zum Motor passen. Nur der passende Aktor stellt Ihnen die passenden Auswahlparameter zur Programmierung zur Verfügung. Messen Sie die Laufzeit im Zweifel vor Ort. Dies müssen sie jedoch bei der Kalkulation berücksichtigen. Im besten Fall steht Ihnen ein KNX-fähiger Motor zur Verfügung. Ansonsten bleibt Ihnen nichts anders übrig, als die Daten selbst zu ermitteln. Eine saubere Programmierung benötigt in diesem Punkt auf jeden Fall eine exakte Rückmeldung in Bezug auf Schließzustand und Lamellenstellung, daher müssen die Rückmeldeadressen zwingend angelegt werden.

Ansteuerung und Verknüpfungen: Es kann hier im Allgemeinen festgelegt werden. Die Festlegung kann allerdings ohne Kenntnis der Produkte, die zum Einsatz kommen sollen, nicht erfolgen. Ein Beispiel ist Velux. Dieser Hersteller bietet in bestimmten Produktbereichen keine Möglichkeit, die Geräte über ein KNX-System zu steuern. Da Sie als Programmierer der Letzte in der Kette sind, wird Sie die Frage des Kunden spätestens dann einholen, wenn die außenliegende Jalousie des Dachflächenfensters bei Windalarm nicht mit einfährt und beschädigt wird oder das Dachflächenfenster bei Regen offen bleibt und das Unwetter die Räumlichkeiten unter Wasser setzt.

Legen Sie nun die Verknüpfungen und Funktionen fest. Erstellen Sie sich hier eine Matrix, die Sie von Projekt zu Projekt weiterentwickeln. Die Matrix sollte im Rahmen des Raumbuchs entstehen und im Beratungsgespräch mit dem Kunden durchgegangen werden (siehe Bild 8.2).

Allgemeine Festlegungen

- Aufteilung der Antriebe in Gruppen
- Anzahl und Namen der Gruppen
- Definition der Zentralfunktionen

Automatiken

- automatische Beschattung nach Himmelsrichtung unter Berücksichtigung
  - des Sonnenstands, der Himmelsrichtung,
  - der Jahreszeit, des Wochentags, der Tageszeit,
  - der eventuellen Lamellenstellung, Schließzustand in Prozent,
  - der Art des Behangs, der Anwesenheit der Nutzer,
  - der Berücksichtigung der Sperr und Sicherheitsfunktionen.

WICHTIG: Beachten Sie die Grenzwerte und Wartezeiten zwischen den Auf- und Ab-Signalen. Vermeiden Sie, dass die Antriebe bei der kleinsten Wolke bereits zu laufen anfangen.

- automatische Verdunkelung unter Berücksichtigung der
  - Gruppen, Zeit, Dämmerung und
  - der Sperr- und Sicherheitsfunktionen.

Sperrsignale, Sicherheitsfunktionen, Verknüpfungen

- Umschaltung Hand – Automatik
- Windalarm

Zu beachten sind hier die Vorgaben des Herstellers und die Vorgaben der EN 13659 sowie Berechnungen nach DIN 1055-4.

- Regenalarm
- Sperrsignal bei geöffneter Balkon- oder Terrassentür
- Verknüpfungen mit Anwesenheit oder Anwesenheitssimulation
- Verknüpfungen Alarm- oder Einbruchmeldeanlage
- Verknüpfungen Brandmeldeanlage oder Rauchmelder
- Einbindung in Szenen oder Sequenzen
- Einbindung in Panikfunktionen

Rückmeldungen, Anzeigen

- Anzeige Hand – Automatikbetrieb am Sensor
- Übergeordnete Visualisierung
- Rückmeldungen des Status für Logik oder Rechenfunktionen, z. B. der Beschattung
- Meldungen und Anzeige des Sperr- und des Sicherheitsstatus

Angaben zum Windalarm mit den Grenzwerten und den Schaltschwellen entnehmen Sie den Anleitungen der Hersteller. Empfehlungen zur Steuerung von Raffstores und Außenjalousien hat der Bundesverband Rollladen und Sonnenschutz e.V. in einer Technischen Richtlinie veröffentlicht. Diese können Sie über den Verband oder über das Internet abrufen. Sie trägt den Titel „Technische Richtlinie für Außenjalousien/Raffstores Windfestigkeit, Blatt 6.2“.

In Tabelle 6.2 finden Sie als Beispiel die Vorgaben eines Herstellers zu Windgrenzwerten.

Tabelle 6.1 Angaben der Firma Warema zu Windgrenzwerten für Außenjalousien und Raffstores

Breite (cm)	Gebördelt mit Schiene		Gebördelt mit Seil		Flexibel mit Schiene		Flexibel mit Seil	
	(bft)	(m/s)	(bft)	(m/s)	(bft)	(m/s)	(bft)	(m/s)
150	7	(13,5 – 17,4)	7	(13,5 – 17,4)	7	(13,5 – 17,4)	7	(13,5 – 17,4)
200	7	(13,5 – 17,4)	7	(13,5 – 17,4)	6	(10,5 – 13,4)	6	(10,5 – 13,4)
250	7	(13,5 – 17,4)	6	(10,5 – 13,4)	6	(10,5 – 13,4)	6	(10,5 – 13,4)
300	7	(13,5 – 17,4)	6	(10,5 – 13,4)	6	(10,5 – 13,4)	6	(10,5 – 13,4)
400	6	(10,5 – 13,4)	6	(10,5 – 13,4)	5	(7,5 – 10,4)	5	(7,5 – 10,4)
500	6	(10,5 – 13,4)	6	(10,5 – 13,4)	5	(7,5 – 10,4)	5	(7,5 – 10,4)

Um die Vorgaben gezielt umsetzen zu können, ist die Kenntnis der Windstärken und deren Umrechnung von Vorteil. Eine übersichtliche und leicht verständliche Tabelle hat hierzu z. B. der Deutsche Wetterdienst in Offenbach veröffentlicht (Tabelle 6.2).

Tabelle 6.2 Beaufort-Skala [nach Deutscher Wetterdienst DWD]

Beaufortgrad	Bezeichnung	Mittlere Geschwindigkeit in 10 m Höhe über freiem Gelände m/s	km/h	Beispiele für die Auswirkungen des Windes im Binnenland
0	Windstille	0 – 0,2	< 1	Rauch steigt senkrecht auf
1	leiser Zug	0,3 – 1,4	1 – 5	Windrichtung angezeigt durch den Zug des Rauches
2	leichte Brise	1,5 – 3,4	6 – 12	Wind im Gesicht spürbar, Blätter und Windfahnen bewegen sich
3	schwache Brise schwacher Wind	3,5 – 5,4	13 – 19	Wind bewegt dünne Zweige und streckt Wimpel
4	mäßige Brise mäßiger Wind	5,5 – 7,4	20 – 27	Wind bewegt Zweige und dünnere Äste, hebt Staub und loses Papier
5	frische Brise frischer Wind	7,5 – 10,4	28 – 37	kleine Laubbäume beginnen zu schwanken, Schaumkronen bilden sich auf Seen
6	starker Wind	10,5 – 13,4	38 – 48	starke Äste schwanken, Regenschirme sind nur schwer zu halten, Telegrafenleitungen pfeifen im Wind
7	steifer Wind	13,5 – 17,4	49 – 62	fühlbare Hemmungen beim Gehen gegen den Wind, ganze Bäume bewegen sich
8	stürmischer Wind	17,5 – 20,4	63 – 73	Zweige brechen von Bäumen, erschwert erheblich das Gehen im Freien
9	Sturm	20,5 – 24,4	74 – 87	Äste brechen von Bäumen, kleinere Schäden an Häusern (Dachziegel oder Rauchhauben abgehoben)
10	schwerer Sturm	24,5 – 28,4	88 – 102	Wind bricht Bäume, größere Schäden an Häusern
11	orkanartiger Sturm	28,5 – 32,4	103 – 117	Wind entwurzelt Bäume, verbreitet Sturmschäden
12	Orkan	ab 32,5	ab 118	schwere Verwüstungen

Beachten Sie bei allen sicherheitsrelevanten Eingaben und Programmierungen die Buslast. *Der häufigste Fehler, der hier entsteht, ist, dass die Wertsendeoptionen falsch gesetzt sind. Stellen Sie hier „Senden" bei Wertänderung ein. Wählen Sie die Verzögerungen und Prioritäten mit Bedacht aus.*

III. Heizung

Die heikelste Aufgabe ist das Gebiet der Heizung, da Sie in der Regel immer derjenige sein werden, der auf einer perfekten Leistung des Vorgewerks des Heizungsbauers aufsetzen muss. Um hier Streitpunkte, Diskussionen und mehrmalige Nachbesserungen zu vermeiden, müssen die Rahmenbedingungen und Aufgaben im Vorfeld klar geregelt und besprochen sein. Um diesem Anspruch gerecht zu werden, erfasst man bereits im Raumbuch alle Punkte, aufgeschlüsselt in die Art der Wärmeerzeugung und den Verbrauch. Zusätzliche Heizsysteme oder Besonderheiten sind ebenfalls Gegenstand dieser Position. Sie müssen sich auch bewusst sein, dass Sie die Leistung des Heizungsbauers nachhaltig beeinflussen und er daher immer ein Wörtchen mitreden wird. Ihre Gespräche mit dem Heizungsbauer werden dadurch negativ beeinflusst, dass Sie ihm Umsatz abnehmen und er durch die nun entstandene Schnittstelle einen Mehraufwand hat. Versuchen Sie, diesen Mehraufwand so gering wie möglich zu halten, indem Sie mit Ihrer Planung anstreben, ihm Arbeit abzunehmen.

Folgende Eintragungen in Ihrem Raumbuch sind wichtig:

Erzeugungsanlagen

Eine Mehrfachnennung ist möglich, wenn Kombinationen zur Ausführung kommen. Der Hersteller sollte mit erfasst werden, damit Sie erkennen können, ob Ihnen eine KNX-Schnittstelle des Herstellers zur Verfügung steht. Dies setzt natürlich eine Marktkenntnis voraus. Sollte Ihnen diese fehlen, können Sie sich nach der Erfassung der Daten und vor dem Beratungsgespräch die Information gezielt vom Hersteller einholen. Da die Hersteller sehr unterschiedlich agieren und deren KNX-Schnittstellen nur sehr mangelhaft beschrieben sind, ***ist es ratsam, die entsprechende KNX-Datenbank vorab in Augenschein zu nehmen****, nur so können Sie dem Kunden auch Leistungen zusagen und anbieten.*

Dokumentieren Sie diese Informationen in Ihrem Raumbuch, damit diese in einem kommenden Fall wieder zur Verfügung stehen. *Durch ein solches Vorgehen werden Sie von Projekt zu Projekt schneller und effektiver. Sicherlich werden Sie sich bei dem einen oder anderen Punkt die Frage stellen, warum Sie diese Angabe nun abfragen, aber die Erfahrung hat gezeigt, dass sich in einem laufenden Projekt immer wieder Dinge ergeben, auf die man reagieren muss.*

Daher ist es von Vorteil, wenn man darauf gut vorbereitet ist. Dazu möchte ich zwei Beispiele aus der Praxis nennen:

Ein Kunde hat während der Bauphase gelesen, dass es nun auch möglich ist, die Daten einer **Wettervorhersage** *zu nutzen, um die Steuerung der Warmwasserbereitung im Zusammenhang mit der thermischen Solaranlage zu beeinflussen. Man müsse dann ja nicht nachts, im Rahmen der Boilervorrangschaltung, Warmwasser bereiten, wenn die Menge noch ausreichend ist, um die Zeit bis zur Produktion durch die Solaranlage zu überbrücken. Ohne Kenntnis der Anlage würden Sie hier keine Aussage treffen können.*

Eine weitere Frage, die bereits mehrmals an uns herangetragen wurde, ist die der **Legionellenschaltung**. *Wenn bereits im Vorfeld bekannt ist, dass eine Frischwasserstation zum Einsatz kommt, kann man diese Frage sofort beantworten.*

Soll eine Visualisierung zum Einsatz kommen, ist die Erfassung sowieso unumgänglich.

a) Wärme Erzeugung

- **Ölheizung: ○ Hersteller: .... Steuerung Typ: ....**
  - Bietet der Hersteller eine KNX Schnittstelle: Ja: ○ Nein: ○
  - Überwachung Füllstand Öltank gewünscht: Ja: ○ Nein: ○
  - Störmeldungen: ○ Betriebsstunden: ○
Anzcigen: .... Temperaturen .... Betriebszustände ....
- **Gasheizung ○ Hersteller: .... Steuerung Typ: ....**
  - Bietet der Hersteller eine KNX-Schnittstelle: Ja: ○ Nein: ○
  - Integration Gaszähler gewünscht: Ja: ○ Nein: ○
  - Störmeldungen: ○ Betriebsstunden: ○
Anzeigen: .... Temperaturen ....
- **Wärmepumpe: ○ Hersteller: .... Steuerung Typ: ....**
  - Art: Luft/Wasser: ○ Wasser/Wasser: ○ Sole/Wasser: ○
Kollektor/Wasser: ○
  - sonstige: ....
  - Bietet der Hersteller eine KNX-Schnittstelle: Ja: ○ Nein: ○
  - Erfassung Stromverbrauch gewünscht: Ja: ○ Nein: ○

- Wenn ja: Zähler EVU: ○ eigener Zähler: ○
- Störmeldungen: ○ Betriebsstunden: ○
  Anzeigen: .... Temperaturen ....
- Integration Sperrsignal: ○ Anzeige Sperrsignal: ○ Sperrsignal erzeugen: ○

Beispiel Integration Sperrsignal: *Die Auswertung des EVU-Sperrsignals kann auch für andere Einsatzzwecke verwendet werden und dient bei einer Visualisierung statistischen Zwecken. Bei einem Einsatz eines Energiespeichers wird dieses Signal auch benötigt. Ein Sperrsignal wird erzeugt, wenn eine Wettervorhersage implementiert wird oder wenn mehrere Erzeugungsanlagen zum Einsatz kommen. Bei einer Luft/Wasser-Wärmepumpe zum Beispiel kann es aufgrund von Schallemissionen zu einer akustischen Belästigung in der Nacht kommen – auch hier kann ein Sperrsignal genutzt werden; eine entsprechende, mit Bedacht gewählte Logik vorausgesetzt.*

- Umschaltung Kühlen/Heizen: Ja: ○ Nein: ○
- elektrische Zusatzheizung: Ja: ○ Nein: ○

- **BHKW** ○ **Hersteller:** .... **Steuerung Typ:** ....
  - Bietet der Hersteller eine KNX-Schnittstelle: Ja: ○ Nein: ○
  - Integration Gaszähler gewünscht: Ja: ○ Nein: ○
  - Erfassung/Auswertung Stromzähler Erzeugung: Ja: ○ Nein: ○
  - Erfassung/Auswertung Wärmemenge Erzeugung: Ja: ○ Nein: ○
  - Störmeldungen ○ Betriebsstunden ○
    Anzeigen: .... Temperaturen ....

- **Warmwasserbereitung**
  - integrierter Warmwasser-Speicher: ○ externer Warmwasser-Speicher: ○
  - Frischwasserstation: ○ Pufferspeicher: ○ thermische Solaranlage: ○
  - Wenn thermische Solaranlage, dann mit Heizungsunterstützung: Ja: ○ Nein: ○
  - Wenn thermische Solaranlage, dann Steuerung über KNX: Ja: ○ Nein: ○
  - elektrische Warmwasserbereitung oder Nachbereitung: Ja: ○ Nein: ○
  - Wenn ja, welche: .... Integration: Ja: ○ Nein: ○
  - Steuerung Warmwasser Zirkulationspumpe: Ja: ○ Nein: ○

- **Allgemeine Angaben**
  - Heizkreise: Anzahl .... Vorlauftemperaturen: max .... min ....
  - Sicherheitstemperaturbegrenzer STB: Auswertung Ja: ○ Nein: ○
  - Fernbedienung Erzeuger – soll und kann diese ersetzt werden: Ja: ○ Nein: ○

Ist bei einer Visualisierung sinnvoll, um eine einheitliche Bedienung zu gewährleisten, darüber hinaus erleichtert es die Einbindung von Logikfunktionen.

  - übergeordnete Gebäudeleittechnik GLT vorhanden oder benötigt: Ja: ○ Nein: ○
  - Wenn vorhanden, welche: .... Schnittstelle .... *(z. B. BACnet oder ModBus)*
  - Wenn benötigt: .... *(Ihr Vorschlag, z. B. GIRA Homeserver mit KNX-Komponenten Aktoren, Sensoren)*

- **Zusätzliche Heizsysteme**
  - Kachelofen: ○ Grundofen: ○ offener Kamin: ○ sonstiges: ....
  - raumluftabhängig: ○ raumluftunabhängig: ○
  - wassergeführt oder mit Wassertasche zur Heizungsunterstützung: Ja: ○ Nein: ○
  - Rauchgaswächter vorhanden: Ja: ○ Nein: ○

Bei raumluftabhängigen Anlagen sollten ***Rauchgaswächter*** *zwingend verbaut werden, um Lüftungsgeräte oder Dunstabzugshauben einbinden zu können.*

- **Elektrisches Heizsystem**
  - Dachgullyheizung: *(bei Flachdächern o. Zwischen- und Vordächern)* Ja: ○ Nein: ○
  - Dachrinnenheizung: Ja: ○ Nein: ○
  - Rohrbegleitheizung: Ja: ○ Nein: ○
  - Fahrbahnheizung: Ja: ○ Nein: ○
  - Gehwegbeheizung: Ja: ○ Nein: ○
  - Wenn Vorgenanntes vorhanden: Einbindung Ja: ○ Nein: ○ Sperrsignal Ja: ○ Nein: ○

Auch bei selbstregelnden Heizbändern empfiehlt sich die Sperre der Systeme in den Monaten, in denen kein Frost zu erwarten ist. ***Bei einer Steuerung ist darauf zu achten, dass der Heizvorgang nicht unterbrochen wird,*** *da sich sonst zwischen Eis und Heizleiter ein Luftpolster bildet und als Isolator wirkt, was zur Verschlechterung des Wirkungsgrads führt.*

- Eis-/Schneewächter: Ja: ○ Nein: ○
- sonstige elektrische Beheizungen: .... *(z. B. Türrahmenheizung bei Kühlräumen)*
- elektrische Flächenheizungen (z. B. Badezimmer): Ja: ○ Nein: ○
- elektrische Heizpatronen bei Handtuchheizkörper: Ja: ○ Nein: ○

Bei Handtuchheizkörpern, die am Heizwassersystem angeschlossen sind und eine zusätzliche elektrische Heizpatrone aufweisen, ***ist darauf zu achten, dass das Heizkreisventil bei eingeschalteter elektrischer Beheizung zwangsgeschlossen wird.*** *Wird dies außer Acht gelassen, transportiert der Heizwasserkreislauf die elektrisch erzeugte Wärme ab.*

- elektrische Nachheizregister bei Lüftungen: Ja: ○ Nein: ○
- Infrarotstrahler oder Infrarotheizplatten: Ja: ○ Nein: ○
- Terrassenheizstrahler, Quarzstrahler: Ja: ○ Nein: ○
- Türschleieranlagen: Ja: ○ Nein: ○

Kommen elektrische Heizsysteme zum Einsatz und werden diese über den KNX gesteuert, sollten Sie ***Aktoren mit Stromerkennung*** *einsetzen. Es besteht nun die Möglichkeit, den Verbrauch zu erfassen, den Status anzuzeigen, Störungen zu erkennen.*

b) Wärme Verwendung, Heizkreise, Einzelraumregelung (Mehrfachnennung und Kombinationen möglich)

- **Raumbeheizung:**
  - Fußbodenheizung: Ja: ○ Nein: ○
  - Wenn ja: Gibt es bezüglich der Bodenbeläge etwas zu beachten oder somit eine max. Vorlauftemperatur: Ja: ○ Nein: ○
  - Wenn ja, was? .... *(z. B. max. 32 °C Vorlauf)*
  - Heizkörper: Ja: ○ Nein: ○
  - Wandheizung: Ja: ○ Nein: ○
  - Unterflurradiatoren: Ja: ○ Nein: ○
  - Unterflur-Gebläse-Radiatoren: Ja: ○ Nein: ○

- Warmluftgebläseheizung: Ja: ○ Nein: ○
- Fan Coils: Ja: ○ Nein: ○

- **Regelung:**
  - dezentral am Gerät: Ja: ○ Nein: ○ *(z. B. Heizungsventile am Heizkörper)*
  - zentral: Ja: ○ Nein: ○ *(z. B. Heizkreisverteiler oder Mischventil)*
  - Wenn zentral: Art der Ansteuerung: ....
    (z. B. KNX-Heizungsaktor 230 V oder 3-Punkt-Mischer 24 V)

Vergessen Sie nicht, vor der Installation und der Programmierung die ***Ansteuerungsart und die Spannung*** *in Erfahrung zu bringen. Es kommt durchaus vor, dass Mischventile mit Stellgröße zum Einsatz kommen. Diese müssen in den meisten Fällen mit einer dauerhaften Spannung versorgt werden, die Stellgröße wird dann meist mit einem 0-10 V-Signal dargestellt. Bei allen Stellantrieben sollte die Laufzeit in die Planung der Regelung mit einfließen.*

- Regelungsart: 2-Punkt-Regelung: ○ PWM-Regelung: ○
Stetigregler: ○

Die ***gewählte Regelungsart muss zum Heizsystem passen.*** *Wird z. B. der 2-Punkt-Regler im Bereich von Fußbodenheizungen eingesetzt, kommt es in den meisten Fällen zum Überschwingen, was zu schlechten Werten im Raum führt und das System ineffektiv macht. Es stellt sich hier auch die Frage, mit welchem Bauteil der KNX-Welt man den Regler darstellt.*

Selbst die Heizungsaktoren der einzelnen Hersteller unterscheiden sich zum Teil sehr stark. Machen Sie sich mit den Programmmöglichkeiten der einzelnen Bauteile vertraut und legen Sie Ihren eigenen Weg fest. ***Verwenden Sie nie mehr als ein Bauteil, was Ihnen unbekannt ist.*** *Sollten zwei oder mehr Bauteile innerhalb einer Regelungsaufgabe zur Verwendung kommen, die Sie noch nie vorher im Einsatz hatten, rate ich Ihnen, vor der Auslieferung und Verwendung im Kundenprojekt einen* ***Musteraufbau*** *zu realisieren und den KNX- sowie den Steuerungs-Signallauf aufzuzeichnen. Die Regelfunktionen stehen Ihnen auch in Bauteilen zur Verfügung, an die Sie im ersten Augenblick gar nicht denken, zum Beispiel hat die Fa. Zennio eine Tasterschnittstelle im Programm, an der es auch möglich ist, Temperaturfühler zu betreiben. Beschäftigt man sich mit dem Bauteil, wird man schnell feststellen, dass die Software auch Regler anbietet.*

Zu beachten sind auch die Einstellungen in der Einheit, die die Temperaturen erfassen bzw. steuern. Wichtig ist hier, dass Sie im Falle einer gewünschten **PWM- oder Stetigregelung** *die Einstellung „PI-Regelung" wählen. Nur bei dieser Einstellung wird der Wert richtig verarbeitet.*

Zum Basiswissen in Bezug auf Heizungsaktoren gehört auch, wie sich diese im Störungsfall verhalten und dass diese Bauteile eine Zwangsführung haben. Dies nennt sich auch **Ventilschutz** *und hat die Aufgabe, das Verkleben des Dichtungsgummis mit dem Metall innerhalb des Ventils zu verhindern, indem das Ventil vom Aktor immer wieder einmal selbstständig angesteuert wird.*

Legen Sie bereits in der Erstprogrammierung alle Gruppenadressen an, Stellgröße, Ist- und Solltemperatur, Reglerumschaltung, Rückmeldungen.

- **Einzelraum Regelung**
  - Bedienung: vor Ort: ○ zentral: ○

Die vorgeschlagene Bedienung kann sowohl als auch erfolgen. Natürlich ist bei einer Visualisierung die Wahl beider Optionen möglich:

- vor Ort = Verstellung des Sollwertes kann im Raum über ein geeignetes Eingabegerät vorgenommen werden.
- zentral = Verstellung des Sollwerts erfolgt über eine Visualisierung oder über ein geeignetes zentrales Bediengerät.

- Erfassung des Ist-Wertes der Temperatur
  - über: Tastsensor: ○ Raumtemperaturfühler: ○ Tasterbusankoppler: ○
  - externer Fühler: ○ Luftqualitätsfühler: ○ CO_2-Wächter: ○
  - sonstige benötigte Temperaturfühler:

    (z. B. Fußbodenfühler bei elektrischer Flächenheizung)
- Betriebsartenumschaltung: Ja: ○ Nein: ○
  - Wenn ja: zentral: ○ raumspezifisch: ○
  - Umschaltung Klima/Heizen: Ja: ○ Nein: ○

Die Betriebsarten können hier nicht im Detail beschrieben werden, da diese von der Software der eingesetzten Bediengeräte abhängig sind. Wichtig ist an dieser Stelle jedoch zu erwähnen, dass sich verschiedene Hersteller am **Basissollwert** *orientieren. Basissollwert ist ein fest eingestellter Sollwert, der in der Regel nicht durch den Nutzer verändert wird. Am Basissollwert orientieren sich jedoch die Sollwerte der Betriebsarten. Der Kunde wünscht sich, dass die Raumtemperatur im Stand-By-Betrieb um 2 °C abgesenkt wird. Liegt der hinterlegte Basissollwert* *bei 22 °C, wird nun die Raumtemperatur auf 20 °C abgesenkt. Hat der Nutzer aber in diesem Moment 24 °C im Normalbetrieb eingestellt, senkt das System dennoch auf 20 °C ab.*

Umgekehrt ergibt sich natürlich das gleiche Problem: Will er über einen Betriebsmodus, zum Beispiel einer Partyschaltung, den Sollwert um 2 °C anheben und dies bei der gleichen Einstellung, bleibt die Raumtemperatur bei 24 °C. Was der Nutzer dazu sagt, möchte ich ganz Ihrer Phantasie überlassen.

Diese Aussage zu den Produkteigenschaften ist nicht allgemein verbindlich, sondern bezieht sich nur auf bestimmte Produkte. Da es sehr viele Geräte von verschiedenen Herstellern betrifft, kann ich nicht alle nennen, daher verzichte ich auf die Nennung komplett. Ich kann Ihnen auch in diesem Punkt nur wiederholt den Rat geben: Lesen Sie aufmerksam und versuchen Sie zu verstehen, was Ihnen die Anleitung sagen will. Scheuen Sie sich nicht davor, im Zweifel die **Hotline des Herstellers** *zu befragen. Nur wenn Sie wissen, was das Produkt macht, können Sie Wege suchen und finden, um den von mir beschriebenen Situationen zu entgehen.*

Voraussetzung für ein funktionierendes System ist ein perfekter **hydraulischer Abgleich** *durch den Ersteller des Heizsystems. Er ist vom Gesetzgeber verpflichtet, diesen durchzuführen. Scheuen Sie sich daher nicht, diesen abzufragen oder machen Sie es zur Voraussetzung Ihrer Inbetriebnahme, dass Ihnen das Protokoll vorgelegt wird. Da Wasser wie der Strom immer den Weg des geringsten Widerstands nimmt, liegt hier oft ein Problem vor. Öffnen Sie ein Ventil eines Heizkreises, dessen* **Durchflusswert falsch eingestellt** *ist und kaum Widerstand aufweist, und wollen zeitgleich einen Raum beheizen, der einen großen Wert hat, wird dieser nicht warm. Im Übrigen gilt diese Regel auch bei den später aufgeführten Flächenkühlsystemen.*

IV. Klima

Ja: ○ Nein: ○

Wenn Ja:

- **Hersteller:** ....
  - Bietet Hersteller eine KNX-Schnittstelle: Ja: ○ Nein: ○
  - Mögliche KNX-Schnittstelle anderer Hersteller: ....
- **Art der Kühlung:**
  - Einzelsplitgeräte: ○ Sammelsplitgeräte: ○ Wärmepumpe: ○ Eisspeicher: ○ Kühlspeicher: ○

- System: nur Kühlen: ○ oder Kühlen/Heizen: ○
- Einbindung in die Einzelraumregelung: Ja: ○ Nein: ○
- Verwendung von Taupunktwächtern: Ja: ○ Nein: ○
- Umschalten Kühlen/Heizen: Zentral: ○ Dezentral: ○
- Art der Umschaltung: .... *(z.B. witterungsgeführt, jahreszeitabhängig, Signal kommt aus vorgelagerter Anlage)*

• **Art im Raum:**

- Klimatruhe: Ja: ○ Nein: ○
- Deckengeräte: Ja: ○ Nein: ○
- Fan Coils: Ja: ○ Nein: ○
- Kühldecken als Flächensystem: Ja: ○ Nein: ○
- Verwendung der Flächenheizsysteme zum Kühlen: Ja: ○ Nein: ○

Werden die Flächensysteme zum Kühlen verwendet, müssen Sie ***auf die Oberflächentemperaturen achten.*** *Es ist ratsam, die Oberflächentemperatur zu erfassen und die Vorlauftemperatur auf 16 bis 17 °C zu begrenzen, um Kondenswasser bzw. Schwitzwasser zu vermeiden. Klären Sie die Vorgaben und Empfehlungen der Hersteller. Um Diskussionen mit dem Nutzer zu vermeiden, sollten Sie sich folgende Aussage merken: In der Praxis wird hier ein Effekt von ca. 4 K zur Außentemperatur erzielt.*

Beachten Sie bei der Steuerung, dass die ***Luftfeuchtigkeit*** *im Raum zwischen 40 und 60 % liegen sollte. Um Zugluft zu vermeiden, sollte die Luftgeschwindigkeit 0,15 m/s nicht überschreiten.*

Bei einem Einsatz von Taupunktwächtern oder Geräten, die den Taupunkt errechnen können, haben Sie einen direkten Einfluss auf die Effizienz der Abgabe im Raum, dabei sollte die ***Temperaturdifferenz*** *zwischen Kopf- und Fußhöhe 4 K nicht überschreiten.*

Wurde ein Umschalten Heizen/Kühlen gewünscht, achten Sie auf die Punkte Change-Over-Signal bei zentraler Umschaltung. Kommt eine raumweise Umschaltung oder eine Klimaautomatik in Abhängigkeit der Soll-Wert-Einstellung zum Einsatz, müssen Sie die Totzone definieren. Die ***Totzone*** *ist der Bereich der Temperatur, in der weder geheizt noch gekühlt wird. Da ein gewisses Überschwingen der Temperatur nicht vermieden werden kann,* ***kommt es bei falscher Auswahl zu einem Takten der Umschaltung.*** *Wie dieser Wert berechnet und behandelt wird, können Sie der Applikationsbeschreibung des zum Einsatz kommenden Reglers entnehmen.*

Die Firma GIRA beschreibt dieses Vorgehen sehr verständlich, dazu folgend ein Beispiel, das Sie in den Grundzügen auch auf andere Bauteile übertragen können. Abweichungen in der Funktionalität sind nur geringfügig oder die Beschreibungen tragen lediglich einen anderen Namen. Das Beispiel ist ein ***Auszug aus der Beschreibung*** GIRA Tastsensor 2 Plus. Auch wenn dieser nicht mehr geliefert wird, ist die Beschreibung geeignet, um das Funktionsprinzip zu verstehen.

Beispiel Gira Dokumentation Tastsensor 1052 00 (Quelle: Gira)

Der Tastsensor 2 plus kann zur Einzelraum-Temperaturregelung verwendet werden. Dabei kann der Regler bis zu zwei Regelkreise mit wahlweise eigenen Temperatursollwerten unterscheiden und ansteuern. Die Umschaltung des Betriebsmodus und der Betriebsart erfolgt bei den Regelkreisen, gesteuert durch den Regelkreis 1, gemeinsam. Somit ist es möglich in einem Raum beispielsweise die Heizkörper an der Wand und die Fußbodenheizung separat mit eigenen Regelalgorithmen zu regeln.

In Abhängigkeit der Betriebsart, des aktuellen Temperatur-Sollwerts und der Raumtemperatur kann für beide Regelkreise eine Stellgröße zur Heizungs- bzw. Kühlungssteuerung auf den instabus EIB ausgesendet werden.

Die Raumtemperatur kann bei einem Regelkreis durch den internen (im Tastsensorgehäuse) oder wahlweise externen Temperaturfühler erfasst werden. Ist der zweite Regelkreis aktiviert, wird die Raumtemperatur des ersten Kreises durch den internen und die des zweiten Kreises durch den externen Fühler ermittelt.

Bei Verwendung nur eines Regelkreises ist der Einsatz eines zusätzlichen Heiz- und/oder Kühlgeräts möglich, indem zusätzlich zur Grundstufe für Heizen bzw. Kühlen auch eine Zusatzstufe aktiviert werden kann. Dabei kann der Temperatur-Sollwertabstand zwischen der Grund- und der Zusatzstufe per Parameter eingestellt werden. Bei größeren Abweichungen der Soll- zur Ist-Temperatur kann somit durch Zuschalten der Zusatzstufe der Raum schneller aufgeheizt bzw. abgekühlt werden. Der Grund- und der Zusatzstufe können unterschiedliche Regelalgorithmen zugeordnet werden.

Der Regler kennt 5 Betriebsmodi (Komfort-, Standby-, Nacht-, Frost-/Hitzeschutz- und Reglersperre) mit je eigenen Temperatur-Sollwerten im Heiz- bzw. Kühlbetrieb. Für die Heiz- und Kühlfunktionen können stetige bzw. schaltende PI- oder schaltende 2 Punkt-Regelalgorithmen ausgewählt werden.

Eine Heizungsuhr erlaubt die automatische tageszeit- und wochentagsabhängige Steuerung der Betriebsmodi.

Raumtemperaturregler-Funktionalität:

Allgemein

- 5 Betriebsmodi: Komfort-, Standby-, Nacht-, Frost-/Hitzeschutz- und Reglersperre (z. B. Taupunktbetrieb)
- Umschaltung der Betriebsmodi durch ein 1 Byte Objekt nach KONNEX oder einzelne 1 Bit große Objekte.
- Anzeige der Raumtemperaturregler-Informationen über ein integriertes halbgrafisches Display
- Mehrere Bedienebenen möglich. Diese können aktiviert bzw. deaktiviert werden.
  - Keine Bedienung: Keine Vor-Ort-Reglerbedienung.
  - Erste Bedienebene: Sollwertverschiebung in Ebene 0 möglich, Umschaltung des Betriebsmodus in Ebene 1 und Aktivierung bzw. Deaktivierung der Heizungsuhr und der Steuerfunktionen möglich. Außerdem kann in dieser Ebene auf die Funktion „Kontrastverstellung" zugegriffen werden.
  - Alle Bedienebenen: Voller Zugriff auf das Gerät. Gestattet dem Anwender Zugriff auf die Funktionen „Sollwertverstellung" (wenn unter Sollwerte freigegeben) und „Einstellung der Schaltzeiten" für die Heizungsuhr und für die bis zu zwei Steuerfunktionen (falls zeitgesteuert).

Heiz-/Kühlsystem

- Betriebsarten: „Heizen", „Kühlen", „Heizen und Kühlen" jeweils mit oder ohne Zusatzstufe.
- Bis zu zwei Regelkreise mit wahlweise unterschiedlichen Temperatur-Sollwerten und gemeinsamer Betriebsmodiumschaltung möglich. (bei zwei Regelkreisen nur „Heizen" oder „Kühlen" und keine Zusatzstufe aktivierbar!)
- PI-Regelung (stetig oder schaltend PWM) oder 2Punkt-Regelung (schaltend) als Regelalgorithmen einstellbar.
- Stetige (1 Byte) oder schaltende (1 Bit) Stellgrößenausgabe.
- Regelparameter für PI-Regler (falls gewünscht: Proportionalbereich, Nachstellzeit) und 2Punkt-Regler (Hysterese) einstellbar.

Sollwerte

- Jedem Betriebsmodus können eigene Temperatur-Sollwerte (für Heizen und/oder Kühlen) zugeordnet werden.

- Die Sollwerte für die Zusatzstufe leiten sich durch einen parametrierbaren Stufenabstand aus den Werten der Grundstufe ab.
- Sollwertverschiebung temporär oder dauerhaft durch Vor-Ort-Bedienung am Gerät möglich.
- (parametrierbare Skalierung der Sollwertverschiebung).

Funktionalität

- Automatisches oder objektorientiertes Umschalten zwischen „Heizen" und „Kühlen".
- Die Reglerbedienung kann wahlweise über ein Objekt gesperrt werden.
- Parametrierbare Dauer der Komfortverlängerung.
- Komplette (1 Byte) oder teilweise (1 Bit) Statusinformation parametrierbar und über ein Objekt auf den Bus übertragbar.
- Deaktivierung der Regelung, der Zusatzstufe bzw. des zweiten Regelkreises über verschiedene Objekte möglich.

Raumtemperaturmessung

- Interner und externer Raumtemperaturfühler möglich.
- Messwertbildung intern zu extern bei einem Regelkreis und freigegebenem externen Fühler parametrierbar.
- Bei zwei Regelkreisen wird der Temperatur-Istwert des zweiten Kreises durch den externen Fühler ermittelt.
- Abfragezeitraum des externen Temperaturfühlers einstellbar.
- Die Ist- und Soll-Temperatur können nach einer parametrierbaren Abweichung auf den Bus (auch zyklisch) ausgegeben werden.
- Die Raumtemperaturmessung (Istwert) kann über Parameter separat für internen und externen Fühler abgeglichen werden

Stellgrößen-Ausgabe

- Getrennte oder gemeinsame Stellgrößen-Ausgabe über ein oder zwei Objekte bei „Heizen und Kühlen"
- Normale oder invertierte Stellgrößen-Ausgabe parametrierbar.
- Automatisches Senden und Zykluszeit für Stellgrößenausgabe parametrierbar.

Heizungsuhr

- Zeit- und wochentagsabhängige Steuerung der Betriebsmodi

- Durch Vor-Ort-Bedienung in der ersten Bedienebene aktivier- bzw. deaktivierbar.
- Zudem ist die Heizungsuhr über Bus sperrbar.

Nach der allgemeinen Beschreibung der Reglerfunktion müssen wir die angebotenen Funktionen mit dem Projekt abgleichen, um die entsprechenden Einstellungen und Programmierungen vorzunehmen. Es ist hier zu empfehlen, diese mit einem Textmarker zu kennzeichnen, um zum einen nichts zu vergessen und zum anderen schnell einen Erfolg zu erzielen. Denn nur, wenn die Funktionen über die ETS freigeschaltet wurden, sind diese auch verfügbar und zu programmieren.

Am Beispiel Gira werden uns folgende Einstellungen zur Verfügung gestellt:

Fortsetzung Beispiel Gira Dokumentation Tastsensor 1052 00

Umschaltung der Bedienebene
Bedienebene 0 / Normalbetrieb
Das Gerät befindet sich im Normalbetrieb, wenn die Bedienebene 0 aktiviert ist. Im Anzeigefenster ist, abhängig von der Parametrierung die aktuelle Raumtemperatur (default), zusätzlich bzw. alternativ die Außentemperatur, die Solltemperatur oder die Uhrzeit sichtbar (Standard-Anzeige).

Durch Betätigung einer der Tasten der Wippe 1 wird im Anzeigefenster die Solltemperatur des aktivierten Betriebsmodus sichtbar, falls dem Anwender der Zugriff auf die Bedienebenen freigegeben ist. Durch Drücken der rechten bzw. linken Taste der Wippe kann die Solltemperatur in 0,1 °C-Schritten nach oben bzw. nach unten verschoben werden. Diese Sollwertverschiebung (Temperatur-Offset der Basis-Temperatur) kann in jedem Modus eingestellt und wahlweise bei einer Betriebsmodiumschaltung (z. B. Komfortbetrieb –> Standby-Betrieb) mit übernommen werden, sodass die Verschiebung auf alle Betriebsmodi des Reglers wirkt.

(...)

Wurde eine Basis-Sollwertverschiebung eingestellt, kann der Wert durch Betätigung einer beliebigen Taste der Wippen 2 bis 3 (2fach) bzw. 2 bis 5 (5fach) übernommen und in die Standard-Anzeige zurückgeschaltet werden. Auch, wenn ca. 2 Minuten keine weitere Eingabe erfolgt, wird der eingestellte Wert als neuer Sollwert übernommen und die Anzeige zurückgeschaltet.

Hinweis: Nach Busspannungswiederkehr befindet sich der Regler stets in der Bedienebene 0!

Bedienebene 1

In der Ebene 1 kann der Betriebsmodus des Raumtemperaturreglers gewählt und die Heizungsuhr oder die Steuerfunktion(en) aktiviert bzw. deaktiviert werden. Weiter kann der Displaykontrast eingestellt oder in die Bedienebene 2 gewechselt werden. Die Ebene 1 wird aus der Ebene 0 heraus aktiviert.

Wenn der Parameter „Zugriff auf Bedienebenen" auf „Erste Bedienebene" oder „Alle Bedienebenen" eingestellt ist, wird durch min. 3 s lange mittige Betätigung der Wippe 1 (Ⓒ) in die Bedienebene 1 gewechselt. An dieser Stelle kann der Reglerbetriebsmodus gewählt und die Heizungsuhr oder die Steuerfunktion(en) aktiviert bzw. deaktiviert werden. Auch lässt sich der Displaykontrast einstellen.

Mit der linken und rechten Taste (Ⓐ/Ⓑ)der Wippe 1 kann navigiert, d. h. zwischen den Menüfunktionen hin- und hergeschaltet werden. Das jeweils angewählte Symbol blinkt im Anzeigefenster. Alle anderen Anzeigeelemente des Displays sind deaktiviert.

Es kann zwischen den Betriebsmodi „Komfortbetrieb ⌂", „Standby-Betrieb ⌂" und „Nachtbetrieb ☾" gewählt werden, jedoch nur dann, wenn kein prioritätsmäßig übergeordneter Modus (z. B. Fensterkontakt/Präsenzmelder) oder nicht das KONNEX-Zwangsobjekt aktiviert ist. Die Symbole „1" und „2" kennzeichnen die beiden Steuerfunktionen und das Symbol „🕒" steht für die Heizungsuhr.

Um den gewünschten Betriebsmodus bzw. die Heizungsuhr oder die Steuerfunktion(en) zu aktivieren, ist bei angewähltem Symbol die Wippe 1 lang (ca. 1 s) mittig zu betätigen.

Der Betriebsmodus wird übernommen, die Heizungsuhr oder die Steuerfunktion(en) werden aktiviert bzw. deaktiviert und die Anzeige springt auf die Standard-Anzeige (Ebene 0) zurück.

Wird das Symbol „2" angewählt, kann durch min. 3 s lange mittige Betätigung der Wippe 1 (Ⓒ) in die Bedienebene 2 gewechselt werden.

Bedienebene 2

In der Ebene 2 können die Temperatur-Sollwerte der verschiedenen Betriebsmodi zum Regelkreis 1 des Raumtemperaturreglers programmiert und die Schaltzeiten der Heizungsuhr und der Steuerfunktion(en) eingestellt werden. Die Ebene 2 wird aus der Ebene 1 heraus aktiviert.

Wenn der Parameter „Zugriff auf Bedienebenen" auf „Alle Bedienebenen" eingestellt ist, kann durch mittige Betätigung der Wippe 1 (Ⓒ) in die Bedienebene 2 gewechselt werden, nachdem zuvor die Ebene 1 aktiviert war und der Menüpunkt „2" angewählt wurde.

An dieser Stelle können nun die Temperatur-Sollwerte der verschiedenen Betriebsmodi zum Regelkreis 1 und die Schaltzeiten der Heizungsuhr und der Steuerfunktion(en) eingesehen und verändert werden. Die Schaltzeiten sind nur sichtbar, wenn die Heizungsuhr bzw. die Steuerfunktion(en) im ETS Plug-In freigeschaltet sind.

Mit der linken und rechten Taste der Wippe 1 (Ⓐ/Ⓑ) kann zwischen den Temperatur-Sollwerten und den Schaltzeiten hin- und hergeschaltet werden. Die jeweils angewählten Symbole blinken im Anzeigefenster. Alle anderen Anzeigeelemente des Displays sind deaktiviert.

Temperatur-Sollwerte einstellen

Es können die Sollwerte für die Betriebsmodi vorgegeben werden:

„Komfort ⌂"

„Standby ⌂"

„Nacht ☾"

Bei der Sollwertverstellung werden bis zu 6 verschiedene Werte in Abhängigkeit der im ETS Plug-In freigegebenen Betriebsart angeboten. Es ist zu beachten, dass einzelne Sollwerte im ETS Plug-In für die Vor-Ort-Bedienung nicht freigegeben worden sind und sich somit im Anzeigefenster nur einsehen, nicht jedoch verändern lassen!

Weiterhin sind, wenn der zweite Regelkreis eigene Sollwerte besitzt, ausschließlich die Temperaturwerte des ersten Regelkreises in der Bedienebene 2 einzustellen.

Die folgende Tabelle zeigt die einzustellenden Werte:

aktivierter Betriebsmodus	parametrierte Betriebsart			
			Heizen und Kühlen	
	Heizen	Kühlen	für Heizen	für Kühlen
Komfort ⌂	z. B. 23.0 °C Komfort-Solltemperatur = Basis-Sollwert	z. B. 27.0 °C Komfort-Sollemperatur = Basis-Sollwert	z. B. 23.0 °C Komfort-Solltemperatur = Basis-Sollwert – ½ Totzone bei Totzone symmetrisch / = Basis-Sollwert bei Totzone asymmetrisch	z. B. 27.0 °C Komfort-Solltemperatur = Basis-Sollwert + ½ Totzone bei Totzone symmetrisch / = Basis-Sollwert + Totzone bei Totzone asymmetrisch
Standby ⌂	z. B. 21.0 °C Standby-Solltemperatur	z. B. 29.0 °C Standby-Solltemperatur	z. B. 21.0 °C Standby-Solltemperatur	z. B. 29.0 °C Standby-Solltemperatur
Nacht ☾	z. B. 19.0 °C Nacht-Solltemperatur	z. B. 31.0 °C Nacht-Solltemperatur	z. B. 19.0 °C Nacht-Solltemperatur	z. B. 31.0 °C Nacht-Solltemperatur

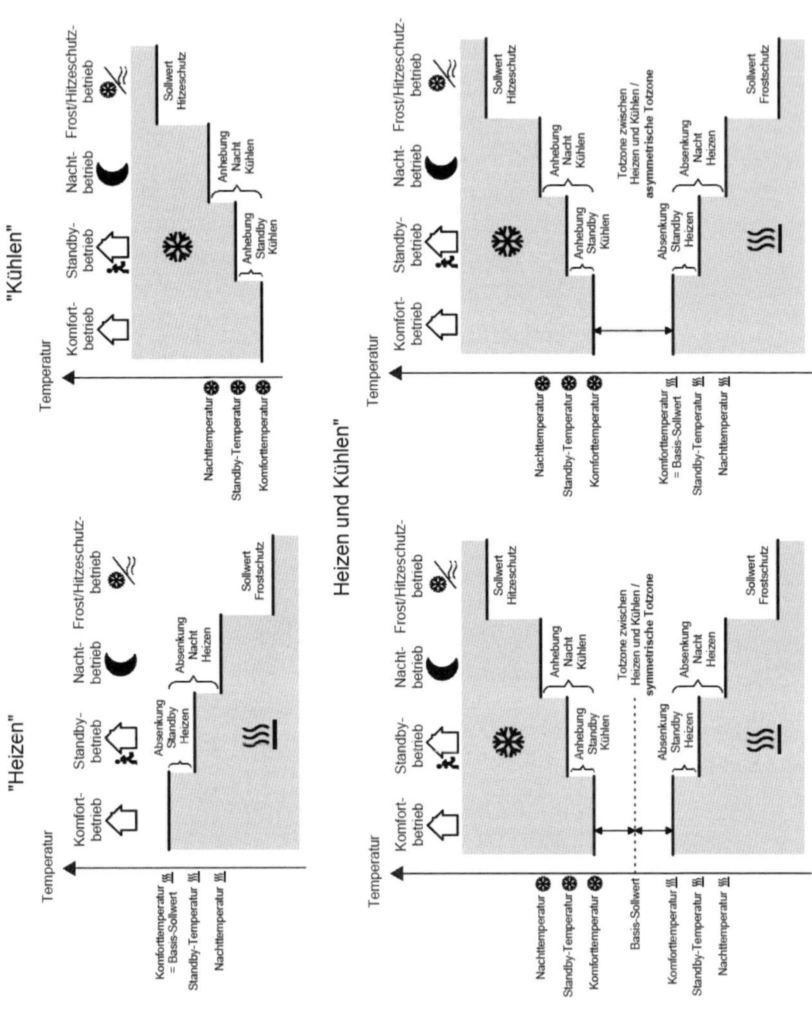

Temperaturregelung mit Zusatzstufe am Beispiel "Heizen und Kühlen" mit symmetrischer Totzone...

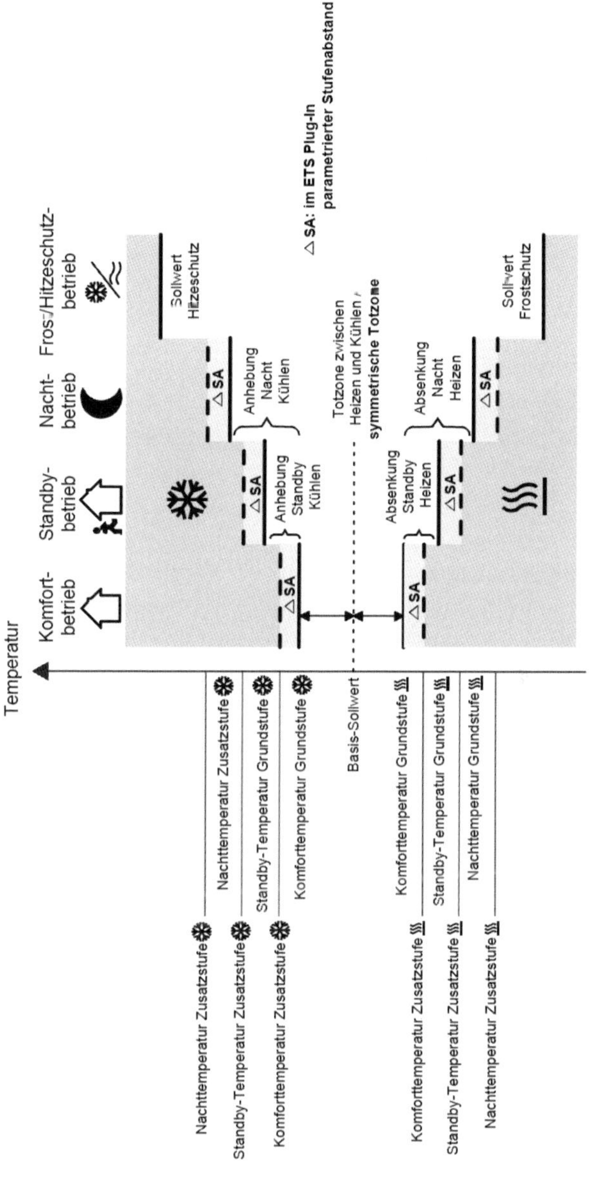
Temperatur
Komfort-betrieb
Standby-betrieb
Nacht-betrieb
Frost-/Hitzeschutz-betrieb
Sollwert Hitzeschutz
△SA
△SA
△SA
Anhebung Standby Kühlen
Anhebung Nacht Kühlen
Totzone zwischen Heizen und Kühlen
symmetrische Totzone
Absenkung Standby Heizen
Absenkung Nacht Heizen
△SA
△SA
△SA
Sollwert Frostschutz
△ SA: im ETS Plug-In parametrierter Stufenabstand
Nachttemperatur Zusatzstufe
Standby-Temperatur Zusatzstufe
Komforttemperatur Zusatzstufe
Nachttemperatur Zusatzstufe
Standby-Temperatur Grundstufe
Komforttemperatur Grundstufe
Basis-Sollwert
Komforttemperatur Grundstufe
Standby-Temperatur Grundstufe
Nachttemperatur Grundstufe
Komforttemperatur Zusatzstufe
Standby-Temperatur Zusatzstufe
Nachttemperatur Zusatzstufe

In der Betriebsart „Heizen und Kühlen“ können 6 Temperatur-Sollwerte, falls im ETS Plug-In freigegeben, verändert werden. In Abhängigkeit der in der ETS parametrierten Temperatur-Absenkung, -Anhebung bzw. Totzone leiten sich alle Temperatur-Sollwerte aus der Basis-Solltemperatur ab.

Dabei ist zu beachten, dass bei Änderung der Komfort-Solltemperatur für Heizen alle anderen Solltemperatur-Werte mit verstellt werden!

Die Totzone (Temperaturzone, in der weder geheizt noch gekühlt wird) ist die Differenz zwischen den Komfort-Solltemperaturen für „Heizen“ und „Kühlen“. Dabei gilt:

$$T_{\text{Komfort Soll Kühlen}} - T_{\text{Komfort Soll Heizen}} = T_{\text{Totzone}}\ ;\ T_{\text{Komfort Soll Kühlen}} \geq T_{\text{Komfort Soll Heizen}}$$

Wichtige Hinweise:

- Bei symmetrischer Totzone wird der Basis-Sollwert indirekt durch die Komfort-Temperatur für Heizen eingestellt. Der Basis-Sollwert selbst wird bei einer Vor-Ort-Bedienung im Display nicht mit dargestellt!
- Durch Veränderung der Komfort-Solltemperatur für Kühlen lässt sich die Totzone verändern. Bei Veränderung der Totzone ist bei symmetrischer Totzonenposition eine Verschiebung der Komfort-Solltemperatur für Heizen und somit aller anderen Temperatur-Sollwerte zu erwarten. Bei asymmetrischer Totzonenposition werden bei Veränderung der Komfort-Solltemperatur für Kühlen ausschließlich die Temperatur-Sollwerte für Kühlen verschoben. Es ist möglich, durch eine Vor-Ort-Bedienung die Totzone auf 0 °C zu verschieben ($T_{\text{Komfort Soll Kühlen}} = T_{\text{Komfort Soll Heizen}}$). In diesem Fall wird weder geheizt noch gekühlt, wenn die ermittelte Raumtemperatur gleich den Komfort-Solltemperaturen ist.

Die Solltemperaturen für „Standby“ und „Nacht“ leiten sich aus den Komfort-Solltemperaturen für Heizen bzw. Kühlen ab. Dabei kann die Temperatur-Anhebung (für Kühlen) und die Temperatur-Absenkung (für Heizen) beider Betriebsmodi im ETS Plug-In vorgegeben werden.

Durch eine Vor-Ort-Bedienung in der Bedienebene 2 ist es möglich, die Solltemperaturen für „Standby“ und „Nacht“ unabhängig von den in der ETS ursprünglich parametrierten Werten für die Temperatur-Anhebung bzw. -Absenkung einzustellen. In diesem Fall werden beim Verändern der Basis-Solltemperatur oder der Totzone die Standby- bzw. Nacht-Solltemperaturen stets mit der durch die Vor-Ort-Bedienung resultierenden Temperatur-Anhebung bzw. -Absenkung mitverschoben! Nach dem Neu-Programmieren mit der ETS können die ursprünglich parametrierten Werte wieder übernommen werden.

Dabei gilt:

$T_{\text{Standby Soll Heizen}} \leq T_{\text{Komfort Soll Heizen}} \leq T_{\text{Komfort Soll Kühlen}} \leq T_{\text{Standby Soll Kühlen}}$

oder

$T_{\text{Nacht Soll Heizen}} \leq T_{\text{Komfort Soll Heizen}} \leq T_{\text{Komfort Soll Kühlen}} \leq T_{\text{Nacht Soll Kühlen}}$

Bei einer zweistufigen Regelung leiten sich die Sollwerte der Zusatzstufe stets dynamisch aus den Sollwerten der Grundstufe ab. Dabei werden die Temperatur-Sollwerte der Zusatzstufe durch den im ETS Plug-In parametrierten Stufenabstand vorgegeben. Eine Verstellung des Stufenabstands ist bei einer Vor-Ort-Bedienung nicht möglich.

Um Sollwerte verstellen zu können, ist in der Bedienebene 2 bei angewähltem Symbol bzw. Wert die Wippe 1 lang (ca. 1 s) mittig zu betätigen (Ⓒ). Das Symbol des ausgewählten Sollwerts blinkt nicht mehr und der Sollwert lässt sich nun durch Betätigung der linken oder rechten Taste der Wippe 1 (Ⓐ/Ⓑ) in 0,1 °C-Schritten nach oben und nach unten verstellen.

Ist der gewünschte Sollwert eingestellt, kann durch min. 3 s langes mittiges Drücken der Wippe 1 der Wert bestätigt und in die Bedienebene 0 zurückgesprungen werden. Dabei wird der Betriebsmodus, dessen Sollwert zuvor verstellt wurde, als aktiver Modus übernommen. Das erfolgt jedoch nur dann, wenn kein prioritätsmäßig übergeordneter Modus (z. B. Fensterkontakt/Präsenzmelder) oder nicht das KONNEX-Zwangsobjekt aktiviert ist. Sollen weitere Sollwerte eingestellt werden, ist in die Bedienebene 2 zu wechseln und erneut wie beschrieben vorzugehen.

Bei der Temperatur-Basissollwertänderung (z. B. durch Änderung der Komfort-Solltemperatur für Heizen in der zweiten Bedienebene) sind grundsätzlich zwei Fälle zu unterscheiden:

- Fall 1: Die Basis-Sollwertänderung wird dauerhaft übernommen,
- Fall 2: Die Basis-Sollwertänderung wird nur temporär übernommen (default).

Dabei lässt sich durch den Parameter „Änderung des Sollwerts der Basistemperatur dauerhaft übernehmen“ im Parameterzweig „Raumtemperaturregler-Funktion/Sollwerte“ festlegen, ob der verstellte Basis-Temperaturwert dauerhaft (Einstellung „Ja“) oder ausschließlich temporär (Einstellung „Nein“) im Speicher abgelegt werden soll.

Zu Fall 1:

Wird der Basis-Temperatursollwert verstellt, wird er dauerhaft im EEPROM-Speicher des Tastsensors abgelegt. Der neu eingestellte Wert überschreibt dabei die ursprünglich durch die ETS parametrierte Basistemperatur! Dabei ist zu berücksichtigen, dass

- häufige Änderungen der Basistemperatur (z. B. mehrmals am Tag) die Lebensdauer des Gerätes beeinträchtigen können, da der verwendete Permanentspeicher nur für weniger häufige Speicherschreibzugriffe ausgelegt ist.
- alternativ zur Vor-Ort-Verstellung des Basis-Sollwerts diese Temperatur auch durch das Objekt „Basis-Sollwert" über den Bus, falls im ETS Plug-In freigegeben, vorgegeben werden kann. Der am Tastsensor eingestellte oder durch das Objekt empfangene Basis-Sollwert bleibt somit auch bei Busspannungsausfall gespeichert.

Zu Fall 2:

Der am Tastsensor eingestellte oder durch das Objekt empfangene Basis-Sollwert bleibt nur temporär im aktuell eingestellten Betriebsmodus aktiv. Bei Busspannungsausfall oder nach einer Umschaltung des Betriebsmodus (z. B. Komfort nach Standby) wird der durch eine Vor-Ort-Bedienung vorgegebene oder durch das Objekt empfangene Basis-Sollwert verworfen und durch den ursprünglich in der ETS parametrierten Wert ersetzt.

Hinweis:

- Da sich die Solltemperaturen für die Betriebsmodi „Standby" und „Nacht" bzw. die Sollwerte für die Betriebsart „Kühlen" aus der Basis-Solltemperatur für „Heizen" ableiten, unter Berücksichtigung der im ETS Plug-In parametrierten oder vor Ort vorgegebenen Absenk-, Anhebungs- bzw. Totzonenwerte, verschieben sich auch diese Solltemperaturen linear um die vorgenommene Basis-Sollwertänderung. Die Temperatur-Sollwerte für Standby- oder Nachtbetrieb bzw. Komfortbetrieb „Kühlen" (Totzone) werden stets im EEPROM nichtflüchtig gespeichert.
- Es ist zu beachten, dass Temperatur-Sollwerte durch eine Vor-Ort-Bedienung bzw. durch das Objekt „Basis-Sollwert" nur dann verändert bzw. abgespeichert werden können, wenn dazu im ETS Plug-In die Freigabe erteilt wurde! Ein durch Vor-Ort-Bedienung vorgegebener Wert wird nicht in das Objekt übernommen. Bei einer Verstellung eines Sollwerts wird der Betriebsmodus, dessen Sollwert zuvor verstellt wurde, als aktiver Modus übernommen. Das erfolgt jedoch nur dann, wenn kein prioritätsmäßig übergeordneter Modus (z. B. Fensterkontakt/Präsenzmelder) oder nicht das KONNEX-Zwangsobjekt aktiviert ist.

Beispiel 1:
1 - Komfortbetrieb " ⌂ " durch eine Bedienung am Tastsensor ist aktiv
2 - Wechsel in die Bedienebene 2
3 - Veränderung des Sollwerts zum Nachtbetrieb " ☾ "
4 - Bestätigung des neuen Sollwerts – Wechsel in den Normalbetrieb (Ebene 0)
5 - Nachtbetrieb " ☾ " ist aktiviert!

Beispiel 2:
1 - Präsenzmelder ist aktiv (Komfortbetrieb " ⌂ ")
2 - Wechsel in die Bedienebene 2
3 - Veränderung des Sollwerts zum Nachtbetrieb " ☾ "
4 - Bestätigung des neuen Sollwerts – Wechsel in den Normalbetrieb (Ebene 0)
5 - Komfortbetrieb " ⌂ " ist weiterhin aktiviert!

Der Betriebsmodus wird nur dann gewechselt, wenn der zugehörende Sollwert im ETS-Plug-In für eine Vor-Ort-Verstellung freigegeben wurde.

Ist die Bedienebene 2 angewählt und erfolgt ca. 2 Minuten lang keine Eingabe, wird automatisch in die Ebene 0 zurückgeschaltet. Auch, wenn eine beliebige Taste der Wippen 2 bis 3 (2fach) bzw. 2 bis 5 (5fach) betätigt wird, spring die Anzeige in die Bedienebene 0 zurück, ohne Sollwerte zu verändern.

Hinweis:

Der nach Busspannungswiederkehr aktivierte Betriebsmodus ist durch den Parameter „Betriebsmodus nach Reset" im Parameterzweig „Raumtemperaturregler-Funktion/Funktionalität" wählbar! Nach Busspannungswiederkehr ist stets die Bedienebene 0 aktiviert!

Schaltzeiten für die Heizungsuhr oder die Steuerfunktionen einstellen

In Abhängigkeit der Parametrierung im ETS Plug-In stehen dem Anwender bis zu zwei zeitabhängige Steuerfunktionen und eine Heizungsuhr zur Verfügung. Sobald diese Funktionen in der ETS freigegeben sind, lassen sich in der Bedienebene 2 vor Ort die Schaltzeiten verändern.

Heizungsuhr

Die Heizungsuhr unterscheidet bis zu 28 verschiedene Schaltzeiten und ermöglicht eine minutengenaue Umschaltung des Betriebsmodus des Raumtemperatur-Reglers abhängig von Uhrzeit und Wochentag. Die Schaltzeiten werden chronologisch abgearbeitet.

Die Schaltzeiten für die Heizungsuhr können eingestellt werden, wenn in der Bedienebene 2 das Symbol „🕒" angewählt und durch lange (ca. 1 s) mittige Betätigung der Wippe 1 (Ⓒ) der Editiermodus aufgerufen wird. Mit der linken oder rechten Taste der Wippe 1 (Ⓐ/Ⓑ) kann dann das Schaltprogramm (1 bis 28) ausgewählt werden, welches editiert werden soll.

Nachdem das entsprechende Programm angewählt wurde, ist der gewünschte Betriebsmodus durch Betätigung der linken oder rechten Taste der Wippe 1 einzustellen. An dieser Stelle kann als Modus der „Komfortbetrieb ⌂", der „Standby-Betrieb ⌂", der „Nachtbetrieb ☾" oder der „Frost-/Hitzeschutz ❄" ausgewählt werden.

Wenn in dem angewählten Programm bereits eine Schaltzeit abgelegt war, erscheint an dieser Stelle zusätzlich das Symbol „Clr". Durch Anwählen dieses Symbols und langer mittiger Betätigung der Wippe 1 (Ⓒ) lässt sich die hinterlegte Schaltzeit löschen. Das ausgewählte Programm wird in diesem Fall deaktiviert.

Nachdem der Betriebsmodus festgelegt und zur Bestätigung die Wippe 1 lang und mittig betätigt wurde, kann die Schaltzeit festgelegt werden. Zuerst werden die Stunden, danach die Minuten eingestellt. Das Editieren der Schaltzeit erfolgt durch die Betätigung der linken oder rechten Taste der Wippe 1.

Bestätigt und gespeichert wird durch lange und mittige Bedienung dieser Wippe (Ⓒ).

Danach werden die Wochentage definiert, für die die Schaltzeit wirken soll. Durch die linke oder rechte Taste der Wippe 1 kann zwischen der Einstellung „werktags" (Mo – Fr), „Wochenende" (Sa – So), „täglich" (Mo – So) oder „benutzerdefiniert" (Mo, Di, ..., So) gewechselt werden. Die Wochentage werden im Display des Tastsensors alternativ durch die Ziffern 0 bis 7 dargestellt.

Durch lange mittige Betätigung der Wippe 1 werden die Einstellungen gespeichert und der Programmiervorgang beendet. Danach können weitere Schaltprogramme eingestellt bzw. verändert werden. Alternativ kann an dieser Stelle durch Betätigung einer beliebigen Taste (Wippen 2-3 bzw. 2-6) die Programmierung abgebrochen und in die Bedienebene 0 zurückgesprungen werden.

Steuerfunktion(en)

Die Steuerfunktionen unterscheiden jeweils bis zu zwei Schaltzeiten, die chronologisch minutengenau abgearbeitet werden. Nur zeitgesteuerte Steuerfunktionen können in der Bedienebene 2 editiert werden.

Die Schaltzeiten für die Steuerfunktionen können eingestellt werden, wenn in der Bedienebene 2 die Symbole „1" (für Steuerfunktion 1) oder „2" (für Steuerfunktion 2) angewählt werden und durch lange (ca. 1 s) mittige Betätigung der Wippe 1 (Ⓒ) der Editiermodus aufgerufen wird. Mit der linken oder rechten Taste der Wippe 1 (Ⓐ/Ⓑ) kann dann das Schaltprogramm (1 bis 2) ausgewählt werden, welches editiert werden soll.

Nachdem das entsprechende Programm angewählt wurde, blinkt im Display das Symbol des dem Schaltprogramm zugewiesenen Steuerbefehls („▼"/„▲"). Der Steuerbefehl kann ausschließlich im ETS Plug-In projektiert werden. Im Editiermodus Vorort lässt er sich nur einsehen, nicht jedoch verändern!

Wenn in dem angewählten Programm bereits eine Schaltzeit abgelegt war, erscheint durch Betätigung der linken oder rechten Taste der Wippe 1 zusätzlich das Symbol „Clr". Durch Anwählen dieses Symbols und langer mittiger Betätigung der Wippe 1 lässt sich die hinterlegte Schaltzeit löschen. Das ausgewählte Programm wird in diesem Fall deaktiviert.

Nachdem zur Bestätigung die Wippe 1 lang und mittig betätigt wurde, kann die Schaltzeit festgelegt werden. Zuerst werden die Stunden, danach die Minuten eingestellt. Das Editieren der Schaltzeit erfolgt durch die Betätigung der linken oder rechten Taste der Wippe 1. Bestätigt und gespeichert wird durch lange und mittige Bedienung dieser Wippe. Durch lange mittige Betätigung der Wippe 1 werden die Einstellungen gespeichert und der Programmiervorgang beendet. Danach kann nach Wunsch das zweite Schaltprogramm eingestellt bzw. verändert werden. Alternativ kann an dieser Stelle durch Betätigung einer beliebigen Taste (Wippen 2-3 bzw. 2-6) die Programmierung abgebrochen und in die Bedienebene 0 zurückgesprungen werden.

(Ende des Beispiels „Applikationsbeschreibung")

Ganz bewusst wurde genau dieser Auszug aus einer Applikationsbeschreibung gewählt, auch wenn das Bauteil nicht mehr ausgeliefert wird. Es hilft uns aber in der Art seiner Einfachheit, den entsprechenden Grafiken und den übertragbaren Basisinformationen, das Thema Heizen und Kühlen besser zu verstehen. Die Fallbeispiele geben Aufschluss über die Zusammenhänge und die Gefahren, die im Detail zu beachten sind. Ich hoffe, Sie haben beim Lesen der Beschreibung gemerkt, dass die ***Häufigkeit der Verstellung*** *einen Einfluss auf die Hardware hat. Es sollte sich der Aha-Effekt in Bezug auf das EEPROM einstellen.*

Nachdem wir nun einiges über die Art und die Möglichkeiten der Regelung erfahren haben, können wir mit den Vorschlägen zum Raumbuch fortfahren.

- Steuerungseinflüsse und Verknüpfungen aus dem System zur Einzelraumregelung:
  - Einfluss durch Reed- oder Fensterkontakte: Ja: ○ Nein: ○
  - Einfluss durch Präsenzmelder: Ja: ○ Nein: ○
  - sonstige Verknüpfungen: ....

Bitte beachten Sie hier den Zusammenhang zwischen dem vorhandenen Heiz-/Kühlsystem und der gewünschten Einflussnahme. Die ***Verknüpfung der Fußbodenhei-***

zung ***mit einem Reedkontakt zur Fensterüberwachung*** *sollte vermieden werden, da die Reaktionszeit des Heizsystems zu lange ist, um hier einen positiven Effekt zu erzielen. Eine Einbindung und Verknüpfung mit einem Klimasystem sollte unbedingt ausgeführt werden.*

V. Lüftung

Der Gesetzgeber hat hierzu Regelungen in der EnEV 2014 getroffen, die beim Beratungsgespräch beachtet werden müssen.

- Art der Lüftung:
  - Zentrale Lüftungsanlage: Ja: ○ Nein: ○
  - Einzelraumlüftung mit Zu- und Abluft: Ja: ○ Nein: ○
  - Kleinraumlüfter, WC-Lüfter: Ja: ○ Nein: ○
  - Entfeuchtung: Ja: ○ Nein: ○
  - integrierte Fensterlüftung: Ja: ○ Nein: ○
- Hersteller: .... Art/Typ der Steuerung: ....
  - KNX-Schnittstelle: Ja: ○ Nein: ○
  - Systemintegration: Ja: ○ Nein: ○
  - Wenn ja, wie: ....
  - Verknüpfungen: Ja: ○ Nein: ○
  - Wenn ja, welche: ....
  - Steuerung über Luftqualitätsfühler: Ja: ○ Nein: ○
- Abluft Dunstabzugshaube: Ja: ○ Nein: ○
  - Wenn ja: Art, Hersteller: ....
  - Systemintegration: Ja: ○ Nein: ○
  - Verknüpfungen: Ja: ○ Nein: ○
  - Wenn ja, welche: ....
- Kaminschaltungen: Ja: ○ Nein: ○

Lüftungen sind wohl eines der umstrittensten Themen bei Bauherren als auch bei den Architekten. Daher ist es unumgänglich, sich mit den weichen Faktoren, Sinn und Zweckmäßigkeit und den Diskussionsfaktoren auseinanderzusetzen. Sie werden dann feststellen, dass Sie einen positiven Beitrag leisten können, wenn Sie die ***Systeme in den KNX mit einbinden.*** *Daher hier einige Vorschläge, wie Sie das tun können. Die Auswahl ist vom Hersteller der Anlagen abhängig.*

Ansteuerung:

- nur Sperrsignal: Ja: ○ Nein: ○
- Mehrstufige Ansteuerung über Aktorkanäle: Ja: ○ Nein: ○
- Stetigregelung über 0–10 V-Ansteuerung: Ja: ○ Nein: ○
  Wichtig: Es gibt ***aktive*** *wie auch* ***passive*** *0–10 V-Anschlüsse, daher im Vorfeld den Schaltplan des Herstellers beachten!*
- Ansteuerung über GLT: Ja: ○ Nein: ○
  (Hier die Art der bereits erfassten GLT-Technik eintragen.)
- Sperr-/Freigabesignale: ....
  (z. B. Fensterkontakte, Rauchgaswächter, Präsenzmelder, Nachlauf bei WC-Lüftern)
- Auf ein Lüftungssystem wird trotz Beratung verzichtet: Ja: ○ Nein: ○
  Dieser Punkt ist für den ***Nachweis Ihrer Beratung*** *extrem wichtig.*

VI. Sanitär
(die Warmwasserseite wurde bereits bei den Heizsystemen behandelt)

- Hebeanlage: Ja: ○ Nein: ○
  - Wenn ja, welche: ....
  - Störmeldung: Ja: ○ Nein: ○
  - Rückschlagklappen: Ja: ○ Nein: ○ Einbindung/Störmeldung: Ja: ○ Nein: ○
  - Druckerhöhungsanlage: Ja: ○ Nein: ○ Einbindung/Störmeldung: Ja: ○ Nein: ○
- Spül-WC: Ja: ○ Nein: ○
  - Schnittstellen zu Dusch- oder Wellnesssystemen: Ja: ○ Nein: ○
  - Wenn ja, welche: .... *(z. B. Dornbracht xxx, Grohe xxx)*
- Whirlpool: Ja: ○ Nein: ○ Einbindung: Ja: ○ Nein: ○
  - Wenn ja, welche: .... *(z. B. Unterwasserbeleuchtung)*
  - Ansteuerungen Magnetventile: Ja: ○ Nein: ○
  - Automatische Entleerungen: Ja: ○ Nein: ○
  - Wassermelder: Ja: ○ Nein: ○
  - Wenn ja: .... *(Wo und welche Funktion soll ausgelöst werden?)*

- Bewässerung: Ja: ○ Nein: ○
  - Wenn ja: Hersteller: .... Art der Steuerung: .... Anzahl der Zonen: ....
  - Einbindung: Ja: ○ Nein: ○
  - Wenn ja: .... *(Wie erfolgt die Einbindung, welche Zonen gibt es, Art der Zonen?)* ***Bewässerungsplan*** *einfordern!*
  - Automatische Entleerung: Ja: ○ Nein: ○
  - Frostschutzprogramm: Ja: ○ Nein: ○
- Zisterne: Ja: ○ Nein: ○
- Brunnen: Ja: ○ Nein: ○
- Erfassung und Auswertung des Verbrauchs: Ja: ○ Nein: ○

Die ***Verbrauchserfassung*** *und -auswertung dient auch zur* ***Störmeldung****, z. B. eines Rohrbruchs, oder zur Überwachung des Durchflusses. Somit können zum Beispiel ein tropfender Hahn oder ein undichtes Ventil festgestellt werden. Dies ist ein hervorragendes Verkaufsargument. Aus eigener Erfahrung kann ich Ihnen mitgeben, dass ein defekter Verschluss eines Spülkastens 30 € Kosten pro Monat verursachen kann.*

VII. Pool-, Schwimmbadanlagen

Ja: ○ Nein: ○

Wenn ja, wie und in welchem Umfang? ....

Es muss genau festgestellt werden, wo die Schnittpunkte sind, welche Anlagen zum Einsatz kommen und ob es sich um einen Innen- oder Außenpool handelt. Hier können Sie aufgrund der speziellen Anforderungen nur auf den Poolbauer verweisen. Alle Daten und Schnittstellen sowie alle Anforderungen muss dieser vorgeben und erst nach Erhalt der Unterlagen und Schaltpläne können Sie ihr Konzept erstellen. Firmenintern haben wir hierfür ein eigenes Formblatt zur Erarbeitung und Kontrolle der Aufgabenstellungen konzipiert. Wenn ein Pool geplant ist und auch zur Ausführung kommt, begleiten wir dies in Zusammenarbeit mit dem Poolbauer.

VIII. Sauna, Dampfbad, Spa

Ja: ○ Nein: ○

Wenn ja:

- Sauna Einbindung gewünscht: Ja: ○ Nein: ○
  - Wenn ja: Hersteller .... Steuerung: ....

- KNX-Schnittstelle: Ja: ○ Nein: ○ Sonstige Schnittstelle: ..... *(z. B. bei Fassel LAN)*
- Bauart Ofen: .... *(z. B. Unterbankofen, Kombiofen)*

Dieser Punkt ist insofern wichtig, da **nur Öfen, die verdeckt montiert sind,** *auch* **fernbedient werden dürfen.** *Ein Beispiel aus dem Jahr 1996, als das Erfahrungsfeld der gesamten Branche noch nicht so ausgeprägt war, versetzte uns in Schockstarre. Ein Kunde startet vom Büro in den wohlverdienten Feierabend und startet über Telefon seine Sauna, damit er zuhause sofort in die Entspannungsphase übergehen kann. Zuhause empfängt ihn jedoch nicht der Wohlgeruch von Fichtennadeln, sondern Brandgeruch aus dem Keller. Statt Entspannung Panik, schnell in den Keller, Saunatür geöffnet und geistesgegenwärtig den Aufgusstopf zum Löschen verwendet. Gott sei Dank ist das Büro nur 10 km vom Wohnhaus entfernt, somit konnte die Fußmatte, die von der Hausdame zum Reinigen des Bodens über das Holzgeländer des Saunaofens gelegt wurde, noch nicht komplett Feuer fangen. Das Gespräch danach war durchaus ernüchternd. Aber wir spaßen heute noch mit dem Kunden über diese Situation. Die nachfolgende Funktion ist jedoch eine, die einfach darzustellen ist, und zu einem Mehr an Komfort führt.*

- Erfassung und Meldung der Kabinentemperatur: Ja: ○ Nein: ○
- Wenn ja, wo und wie läuft die Meldung auf: .... *(z. B. LED blinkt, akustisches Signal, Auslösen einer Szene, SMS wird verschickt, wenn die gewünschte Temperatur erreicht ist und sauniert werden kann)*
- Meldung erwünscht: Ja: ○ Nein: ○

• Dampfbad: Ja: ○ Nein: ○
  - Wenn ja: Hersteller .... Steuerung: ....
  - KNX-Schnittstelle: Ja: ○ Nein: ○ Sonstige Schnittstelle: ....
  - Meldung erwünscht: Ja: ○ Nein: ○ *(z. B. Modus, Bereit, Füllstand Wasserbehälter)*
  - Einbindung/Verknüpfung: Ja: ○ Nein: ○
  - Wenn ja, welche: ....

• SPA-Einrichtungen: Ja: ○ Nein: ○
  - Wenn ja, welche: .... *(z. B. Beduftung, elektrische Massageeinrichtungen, besondere Szenen)*

IX. PV-Anlage/ Windkraftanlagen

Ja: ○ Nein: ○

- Wenn ja, welche: .... Art und Umfang: ....
- Einbindung erwünscht: Ja: ○ Nein: ○
- Wenn ja:
  - Wechselrichterüberwachung: Ja: ○ Nein: ○
  - Meldung erwünscht: Ja: ○ Nein: ○
  - Schnittstellen: ....
  - Energieerfassung: ....
  - Energiemanagement: ....
  - Eigenverbrauchssteuerung: Ja: ○ Nein: ○
  - Verknüpfungen: Ja: ○ Nein: ○ Wenn ja, welche: ....
  - Energiespeicher: Ja: ○ Nein: ○ Typ, Leistung, Einbindung ....

***Erzeugungsanlagen** unterliegen vielen Rahmenbedingungen, die Sie kennen müssen, um hier die richtigen Entscheidungen zu treffen. Entwickeln Sie Konzepte, die für Ihr Versorgungsgebiet passend und sinnvoll sind. Die Bausteine werden dann ins Raumbuch und später ins Pflichtenheft übernommen.*

X. Fenster, Türen und Tore

Dieser Baustein bedarf wieder einer sehr großen Produktkenntnis, die außerhalb Ihrer Kernkompetenz liegt, da die Tor- und Türhersteller übergreifende Automatisierungssysteme nur sehr stiefmütterlich behandeln und in erster Linie ihre eigenen autarken Steuerungen anbieten. Die Erfahrung hat gelehrt, dass die einfachsten und günstigsten Steuerungen am einfachsten zu integrieren sind. In der Regel ist es ausreichend, einen oder max. drei potentialfreie Kontakte zur Verfügung zu stellen, um das Produkt zu steuern. Zur Überwachung reicht in der Regel eine Tasterschnittstelle, um den Schließzustand zu erfassen.

In der Programmierung ist darauf zu achten – und das müssen Sie dem Kunden auch mitteilen –, dass **die meisten Tore nur getoggelt gesteuert werden können.** *Eine Darstellung eines gezielten Auf/Stopp/Zu-Befehls ist daher ohne aufwendige Logik nicht möglich. Ein* **Beispiel:** *Ausgangspunkt ist das als „geschlossen" gemeldete Tor. Der nun erzeugte Befehl ist ein Auf-Befehl. Würde nun während der Laufzeit erneut ein Befehl gegeben, stoppt das Tor, ein weiterer Befehl fährt das Tor wieder zu. Umgekehrt bei offenem Tor: erster Befehl fährt das Tor zu, zweiter Befehl stoppt das Tor, dritter Befehl fährt das Tor auf.*

Die Abfrage der Art der Tore und des Herstellers gibt Ihnen vor, wo sich die Anschlüsse befinden müssen und ob von Ihnen Bauteile gestellt werden müssen. Die meisten **Kipptore** *haben keine* **Überwachung des Schließzustandes.** *Hier müssen Sie eine Abfrage in Form eines Reedkontaktes oder eines Endschalters anbieten oder zumindest fordern, dass dieser mit eingebaut wird. Dies verhält sich bei* **Sektionaltoren** *zum Großteil anders. Bei diesen bieten die Hersteller die Möglichkeit des gezielten Fahrens und somit auch des Schließzustandes an.*

- Garagentor: Ja: ○ Nein: ○
  - Wenn ja: Hersteller .... Bauart: .... *(Sektionaltor, Rolltor usw.)*
  - Schnittstelle vorhanden: Ja: ○ Nein: ○
  - Toggelbetrieb: Ja: ○ Nein: ○ Gezielt fahren: Ja: ○ Nein: ○ Überwachung: Ja: ○ Nein: ○
  - Einbindung: Ja: ○ Nein: ○ Home-Link: Ja: ○ Nein: ○ Wenn ja, Fahrzeugtyp: ...
  - Verknüpfungen: Ja: ○ Nein: ○ Wenn ja, welche: .... *(z. B. Alarmanlage, Meldeanlagen, Sicherheitssysteme)*
  - Totmannschaltung: Ja: ○ Nein: ○ Sicherheitseinrichtungen: .... *(z. B. Lichtschranken, Druckleisten, Ampelanlagen)*
- Einfahrtstor: Ja: ○ Nein: ○
  - Wenn ja, Hersteller: .... Bauart: .... *(Schiebetor, Flügeltor usw.)*
  - Antriebsart: .... *(Unterflurantrieb, hydraulisch, Spindelantrieb usw.)*
  - Schnittstelle vorhanden: Ja: ○ Nein: ○
  - Toggelbetrieb: Ja: ○ Nein: ○ Gezielt fahren: Ja: ○ Nein: ○ Überwachung: Ja: ○ Nein: ○
  - Einbindung: Ja: ○ Nein: ○ Home-Link: Ja: ○ Nein: ○ Wenn ja, Fahrzeugtyp: ...
  - Verknüpfungen: Ja: ○ Nein: ○ Wenn ja, welche: .... *(z. B. Alarmanlage, Meldeanlagen, Sicherheitssysteme)*
  - Totmannschaltung: Ja: ○ Nein: ○ Sicherheitseinrichtungen: .... *(z. B. Lichtschranken, Druckleisten, Ampelanlagen)*
- Zu klären:
  Sind die Fernbedienungen der Torsteuerungen mehrkanalfähig : Ja: ○ Nein: ○
  Wenn ja: .... *(Integration zusätzlicher Funktionen, z. B. Bedienung Außenlicht)*

- Gartentür: Ja: ○ Nein: ○
  - Wenn ja: Türöffner: Ja: ○ Nein: ○ Hersteller: ...... Typ/Steuerspannung: ......

Die ***Angabe der Steuerspannung ist entscheidend*** *für zusätzliche Funktionen, will der Nutzer z. B. ein Zeitfenster eingeben, innerhalb dessen die Zeitung zugestellt werden kann oder der Gärtner Zugang zum Grundstück bekommt. Es empfiehlt sich entweder ein Öffner mit 100ED oder ein Typ, der erst nach dem Gebrauch die Falle wieder sperrt.*

  - Einbindung ins System: (Mehrfachnennungen möglich)
  - Öffnertaster: Ja: ○ Nein: ○
  - Sprechanlage: Ja: ○ Nein: ○
  - Vor-Ort-Bedienung: Ja: ○ Nein: ○
  - Bedienung über KNX: Ja: ○ Nein: ○ Sonstige Bedienung: ....
  - Verknüpfungen: Ja: ○ Nein: ○ Wenn ja, welche: ....
- Haustüren, Nebeneingangstüren, sonstige Türen

Fragen Sie im Kundengespräch nur die Anzahl der Türen ab, die berücksichtigt werden müssen. Bis zum Beratungsgespräch ergänzen Sie Ihr Raumbuch um die entsprechenden Türen in den Räumen und klären die Details.

  - Einbindung Türen: Ja: ○ Nein: ○
  - Wenn ja, Anzahl der Türen: ....
  - Schlossart: .... Hersteller: .... Typ: ....
  - Einbindung Schloss: Ja: ○ Nein: ○
  - Verknüpfung: Ja: ○ Nein: ○
    Wenn ja: .... *(z. B. Alarmanlage, KNX, Zutrittskontrolle)*

Die ***unterschiedlichen Arten von Motorschlössern*** *machen es nötig, vor der Ausarbeitung eines Konzepts den Hersteller und die Art des Schlosses abzufragen. Werden Sie zum Beispiel mit einem EFF EFF Mediador konfrontiert, müssen Sie lediglich einen spannungsbehafteten Kontakt zur Verfügung stellen sowie 2 Binäreingänge zur Auswertung. Kommt hingegen ein Motorschloss der Fa. Fuhr zum Einsatz, bietet Ihnen das Schloss viele Möglichkeiten mehr. Sie können die Falle in verschiedene Betriebsarten versetzen, die Auswertungen können gezielter erfolgen, es ist selbst eine direkte Steuerung der Alarmanlage möglich. Dieser Vielfalt sind dann natürlich eine aufwendigere Installation und Integration geschuldet.*

  - Blockschloss oder Sperrriegel: Ja: ○ Nein: ○
  - Reedkontakt, Überwachung Schließzustand: Ja: ○ Nein: ○

- Riegelschaltkontakt: Ja: ○ Nein: ○
- Integrierte Elektronik oder elektrische Bedienelemente: Ja: ○ Nein: ○
- Wenn ja, welche: .... *(z. B. Fingerprint im Türgriff, LED zur Schlossbeleuchtung oder als Orientierungslicht)*
- Elektrischer Türantrieb: Ja: ○ Nein: ○
- Wenn ja: ... Hersteller: .... Art/Typ: .... *(z. B. GEZE oder Dorma Automatik)*
- Sonstige Vorgaben: .... *(z. B. Fluchttür, Brandschutztür. Auch diese Information kann von Bedeutung sein, unter Umständen gibt es* ***bereits in der Baugenehmigung Vorgaben*** *und/oder Verweise auf zu beachtende Richtlinien)*

- Fenster
  Behandeln Sie die Fenster in Art, Anzahl und Detail jeweils im Raum selbst; hier sind die grundsätzlichen Eigenschaften zu erfassen.
  - Reedkontakte: Ja: ○ Nein: ○
  - Wenn ja: Zustandsüberwachung: ○ oder Riegelüberwachung: ○

Bei der ***Zustandsüberwachung*** *ist der Reed so angebracht, dass nur überwacht wird, ob das Fenster offen oder geschlossen ist. Es kommt in der Regel nur ein Reed zum Einsatz. Wird eine* ***Riegelüberwachung*** *dargestellt, werden Sie zwei Reedkontakte vorfinden. Es kann zwischen offen, gekippt oder geschlossen verarbeitet werden. Bitte* ***beachten Sie:*** *Bei Reeds handelt es sich meist um Öffnerkontakte.*

- Verarbeitung in einer Alarm- oder Einbruchmeldeanlage: Ja: ○ Nein: ○
- Verknüpfungen gewünscht: Ja: ○ Nein: ○
- Wenn ja, welche: ....
- Fenster mit elektrischem Antrieb: Ja: ○ Nein: ○
- Wenn ja, welche: Hersteller: .... Art/Typ: ....
- Besonderheiten: .... *(Bei* ***Schiebefensteranlagen*** *ist häufig die* ***Totmannschaltung vorgeschrieben.****)*
- Schnittstelle/Ansteuerung: .... Spannung: ....

XI. Zutrittskontrolle

Ja: ○ Nein: ○

Wenn ja: extern: ○ intern: ○

- Einzellösung: ○ oder Insel-Gruppenlösung: ○ oder Vernetzte Lösung: ○ oder LAN-System: ○

- Art: (Mehrfachnennung möglich)
  - Fingerprint: ○
  - Transponder: ○
  - Codetastatur: ○
  - Handvenenscanner: ○
  - Sonstiges ....
- Schnittstelle vorhanden: Ja: ○ Nein: ○
- Auswertung im System: Ja: ○ Nein: ○
- Integration im System: Ja: ○ Nein: ○
- Verknüpfungen, Steuerung: Ja: ○ Nein: ○ Wenn ja, welche: ....

Diese Eintragung erfolgt in der Regel im Raum. Legen Sie, je nachdem, welches System Sie anbieten, die verschiedenen Funktionsmöglichkeiten fest und sprechen Sie mit dem Kunden darüber. Gerne genommen wird die ***Zeitfunktion*** *(z. B. der Zutritt per Fingerabdruck bzw. Code der Hausdame ist nur montags von 13 Uhr bis 16 Uhr aktiv). Als Zusatzfunktion werden dann noch die Aufzeichnung und Speicherung gewählt, wann der Fingerabdruck zum Einsatz kam. Die Verbindung zu einem Zeiterfassungssystem ist dadurch ebenfalls möglich.*

XII. Alarmanlage, Einbruchmeldeanlage

Ja: ○ Nein: ○

Wenn ja: mit VdS-Anerkennung: ○ ohne VdS-Anerkennung: ○

Wird eine ***VdS-Anerkennung*** *benötigt oder angestrebt, müssen die Richtlinien eingehalten und Bauteile und Verfahren beachtet werden. Sie können daher nicht frei entscheiden, welche Funktionen und Verknüpfungen genutzt werden. Je nach Anlagenhersteller sind Verfahren geprüft und zugelassen.*

- Hersteller: .... Typ: .... Schnittstelle: ....
- Einbindung ins KNX-System: Ja: ○ Nein: ○
- Wenn ja, welche: ....
- Auswertung und Verwendung der Schließzustände: Ja: ○ Nein: ○
- Wenn ja, welche: .... Verwendung zu: ....
- Auswertung und Verwendung der Scharf/Unscharf-Zustände: Ja: ○ Nein: ○
- Wenn ja, welche: .... Verwendung zu: ....
- Auswertung und Verwendung von Meldungen: Ja: ○ Nein: ○
- Meldearchiv: Ja: ○ Nein: ○

- Alarme:
  - Außen ....
  - Innen ....
  - Stille Alarme ....
  - Weitermeldungen .... Wohin: .... Wie: ....
  - Technische Alarme: ....
- Einbindung der Zutrittskontrolle: Ja: ○ Nein: ○

Synergien, sinnvolle Verbindungen und Szenen, Sequenzen ergeben sich nach der Auswertung des gesamten Erfassungsbogens zum Raumbuch. Unterbreiten Sie hier Vorschläge im Rahmen Ihres Beratungsgesprächs. Definieren Sie diese schriftlich.

Werden Sie in diesem Baustein mit **Sicherheitsdiensten** *und* **Wachgesellschaften** *konfrontiert, müssen Sie vorab das Gespräch suchen. Klarheit sollte auch darüber bestehen, wie die Gruppenadressen strukturiert sind und welche verwendet werden. Entwickeln Sie ein Konzept, das Sie grundsätzlich anwenden und geben Sie dies vorab bekannt. Die Rückmeldung der Firmen gibt Ihnen die Möglichkeit, Anpassungen bereits im Vorfeld zu erstellen und nicht erst auf der Baustelle.*

XIII. Sprechanlage

Ja: ○ Nein: ○

Wenn ja: Audio: ○ oder Video: ○

- Anzahl Zugänge: ....
- System:
  - Analog: ○
  - TK-Bus: ○
  - IP-System: ○
  - Kombi-System: ○
  - Sonstiges: .... *(z. B. Telefon-basiert)*
- Schnittstellen: Ja: ○ Nein: ○
  Wenn ja: IP: ○ Telefon: ○ KNX: ○ Sonstige: ....
- Integration: Ja: ○ Nein: ○ Wenn ja, was ist gewünscht: ....
- Anzahl und Art der Innensprechstellen: ....
- Anzahl und Art der Außensprechstellen: ....
- Anzahl unterschiedlicher Teilnehmer: ....
- Verbindung zur Zutrittskontrolle: Ja: ○ Nein: ○

- Wenn Video, welche Zusatzfunktionen: .... *Zum Beispiel Aufzeichnung der Bilder, Speicherung und Abruf von ...., Weiterleitung, externer Aufruf usw. – Bitte beachten Sie, dass eine* ***Aufzeichnung von Videos im bzw. von öffentlichen Räumen*** *vom Gesetzgeber geregelt sind.*
- Wenn IP-System, welche Zusatzfunktionen: .... *(z. B. ereignisbasierte Aufzeichnung)*
- Einbindung in VoIP-Systeme: Ja: ○ Nein: ○ Wenn ja, wie und in welche: ....

XIV. Telefonie

- Art des Anschlusses: .... *(z. B. VoIP, ISDN. Bei Alarmanlagen, Brandmeldeanlagen sollte z. B. LTE mit in Betracht gezogen werden.)*
- Telefonanlage: Ja: ○ Nein: ○ Wenn ja, welche: .... Hersteller und Typ
- Anzahl der Anschlüsse:
  - Intern: Art und Menge ....
  - Extern: ....
- Sonstige Geräte der Telefontechnik: .... *(z. B. Faxgeräte, Wählgeräte, Ansagegeräte)*
- Schnittstellen: Anzahl und Art der Ports, die zur Verfügung stehen, und Anzahl und Art der benötigten Ports ....
- Anschluss und Versorgung im Gebäude über eigenes Leitungsnetz: ○ oder über strukturiertes Datennetz: ○
- Integration: Ja: ○ Nein: ○ Wenn ja, wie und was soll verknüpft werden: .... *(z. B. Türöffner, Weiterleitungen von Daten, Fernwartung, Schaltbefehle an den KNX)*
- DECT-Telefonie: Ja: ○ Nein: ○

DECT-Signale können andere Systeme beeinflussen. Der Standort der DECT-Sendestationen muss mit Bedacht gewählt werden. Unsere Damen in der Telefonzentrale durften sich folgende Fehlerbeschreibung einer Kundin notieren. „Wenn bei uns das Telefon klingelt, können wir nicht mehr fernsehen“. Die Ursache war die Lade- und Sendestation ihres DECT-Telefons, das sie aus optischen Gründen auf den Fernseher im TV-Schrank gestellt hatte. Sie sollten darauf achten, dass sich ***WLAN-Accesspoints nie in unmittelbarer Nähe von DECT-Stationen*** *befinden.*

- Wird für die KNX- oder sicherheitstechnische Anlage eine gesicherte Telefonverbindung benötigt:
  - Ja: ○ Nein: ○
  - Wenn ja, für: ....
- Werden Verbindungen zum Mobilfunknetz benötigt:
  - Ja: ○ Nein: ○
  - Wenn ja, welche: .... Zweck: ....

XV. Empfangsanlagen (Mehrfachnennungen möglich)

- Sat-Anlage DVB-S ○
- Terrestrisch DVB-T ○
- Kabel DVB-C ○
- IP-TV ○
- Anzahl der Teilnehmer: ....
- Bei Sat-Anlagen: Sind in bestimmten Räumen Twin-Anschlüsse nötig: Ja: ○ Nein: ○
- Leitungsnetz: Sternstruktur Ja: ○ Nein: ○ oder Baumstruktur Ja: ○ Nein: ○

Laut DIN müssen alle Leitungen in den Bereichen TV, EDV und Telefon im Leerrohr verlegt werden. Ein Austausch bzw. eine Veränderung muss jederzeit möglich sein. Auch wenn ich hier etwas vom eigentlichen Thema abweiche, aber ich bin der Meinung, diese Belange gehören zu einer gesamtheitlichen Planung dazu und dürfen daher nicht vollkommen außer Acht gelassen werden: Diese Vorschrift im Bereich des Wohnbaus geht häufig an der Realität vorbei und eine Rohrverlegung, die auch alle Anforderungen erfüllt, ist häufig aus baulichen oder architektonischen Gründen nicht sinnvoll und nicht zu verhältnismäßigen Kosten auszuführen. Sie haben daher nur die Wahl, im Vorfeld darauf hinzuweisen und dies zu dokumentieren.

XVI. Musik, Multiroom

- Lautsprecher: Ja: ○ Nein: ○

Wird in diesem Baustein ein Ja gewählt, beschreiben Sie die Funktion in den Räumen im Detail. Da die Ansprüche im Gäste-WC andere sein werden als im Wohnzimmer, können in der ersten Erfassung nur grundsätzliche Dinge abgefragt werden, die aber für Ihre weiteren Entscheidungen von Bedeutung sind. Nicht alle am Markt befindlichen Systeme bieten unter Umständen die Funktionen, die für den Raum oder die Zone gewünscht sind. Verliert man die Kosten nicht aus den Augen, ist es durchaus sinnvoll, die einzelnen Systeme genau zu betrachten. Häufig befinden sich Geräte bereits im Bestand des Kunden, die im neuen Gebäude wieder Verwendung finden. Auch diese müssen betrachtet werden, wenn ein Ja gesetzt wurde. Nun zu den Grundsätzen:

- Einbindung von Audiosystemen in das KNX-System: Ja: ○ Nein: ○
- Wenn ja:
  - als Einzelraumsystem: Ja: ○ Nein: ○ Wenn ja, welche Räume: ....
  - als Multiroomsystem: Ja: ○ Nein: ○ Wenn ja, welche Räume: ....
  - Art des Systems: .... Hersteller: .... Typ: ....
  - Schnittstelle: direkt KNX: Ja: ○ Nein: ○ IP-basiert: Ja: ○ Nein: ○ andere: ....

Die Einzelheiten bitte in den Räumen definieren. Revox, Baslte Asano, WHD, Sonos und B&O – um nur einige zu nennen – stellen Schnittstellen oder Möglichkeiten zur Verfügung, diese in die Anlage zu integrieren. Der Umfang und die Art der Integration und der Bedienung sind jedoch sehr unterschiedlich. Dies hat jedoch den Charme, die Auswahl gezielt auf den Nutzer abstimmen zu können. Die Auswahlkriterien sind unter anderem, welcher Generation die Nutzer angehören, welche Hörgewohnheiten bedient werden sollen, welche Stilrichtungen bevorzugt werden und ob nach Nutzer unterschieden werden soll. Raumakustik, Klangübertragung, Klangsynthese, Auswahl, Medium der Wiedergabe, Verwendung und Stimmungen werden die Wahrnehmung und die Liebe zum System prägen. Werner Kaegi, ein Schweizer Musikwissenschaftler, hat dies bereits 1967 in einer seiner Veröffentlichungen beschrieben: „Das Endprodukt ist nicht identisch mit der Live-Wiedergabe. Das Werk präsentiert sich schließlich in einer Gestalt, die zwar seine Aufführung vor dem Schalplatten- und Tonbandkonsumenten simuliert, mit dieser in Wirklichkeit nichts zu tun hat."

- Einbindung in Szenen: Ja: ○ Nein: ○
- Gruppenbildungen: Ja: ○ Nein: ○
- Zentrale Bedienungen: Ja: ○ Nein: ○
- Einbindung bestehender, vorhandener Systeme: Ja: ○ Nein: ○
- Medienserver, Speichermedien: Ja: ○ Nein: ○

- Übertragung: Nutzung der 100-V-Technik: Ja: ○ Nein: ○
  (zum Beispiel im Bereich von Außenanlagen, denn für die Anwendung im Innenbereich außerhalb des Zweckbaus eher ungeeignet)
- Zuspieler Zentral: Ja: ○ Nein: ○ Zuspieler Dezentral: Ja: ○ Nein: ○
  (Mehrfachnennung möglich)
- Verbindung zu Soundsystemen: Ja: ○ Nein: ○
- Wenn ja, zu welchen: ....
- Ansteuerungen zu sonstigen Audiokomponenten: Ja: ○ Nein: ○
- Wenn ja, welche und was ist zu tun: .... *(z. B. Subwoofer)*

XVII. TV und Mediensystem

Ja: ○ Nein: ○

Wenn ja:

- Verknüpfungen, Einbindungen: ....
- Schnittstellen: ....
- Heimkinolösungen: ....
- Integrationen: ....
- Hersteller: .... Typ: ....
- Einbindung in Szenen: Ja: ○ Nein: ○
- benötigte Sequenzen: ....
- Steuerung von Ausstattungen: .... *(z. B. Leinwände, Vorhänge, Kinosessel)*
- Meldungen, Anzeigen: ....
  Zum Beispiel: Müssen Systeme gestartet werden, die eine gewisse Zeit benötigen, bis sie betriebsbereit sind, kann es durchaus sinnvoll sein, den Startbefehl aus dem KNX-System zu generieren. Ist das Kino dann betriebsbereit, erhält der Nutzer eine Meldung.
- Einbindung von Zuspielern: .... *(z. B. Apple TV)*
- Bildverteilung: Ja: ○ Nein: ○
  (werden Videosignale auf mehre Anzeigegeräte verteilt, z. B. über HDMI-Kreuzschienen)
- Wenn ja, Schnittstellen: ....
- Einbindung von Anzeigegeräten: Ja: ○ Nein: ○
- Wenn ja, welche: ....

XVIII. Video-Überwachungssystem

Ja: ○ Nein: ○

- Wenn ja: Hersteller .... Typ: ....
- Schnittstellen: ....
- Integration: Ja: ○ Nein: ○
- Wenn ja, wie und in welchem Umfang: ....
- Können Synergien genutzt werden: .... *(z.B. der Ereignissensor schaltet auch das Licht; ein Bild wird als Alarmbild per SMS weitergeleitet)*
- Aufzeichnung: .... *(Art, Umfang und Speicherort festlegen)*
- Meldungen: ....
- Alarmfunktionen: ....
- gemanagte Funktionen: .... *(z. B. bei Anwesenheit sind bestimmte Kameras abgeschaltet)*
- Anzeige: .... *(Wo werden die Aufnahmen wie angezeigt?)*

XIX. EDV

Geben Sie sich nicht der Illusion hin, schnell ein paar Netzwerkkabel zu verlegen, ein paar Bauteile zu setzen und alles ist gut. Ein Netzwerk muss geplant und strukturiert sein, hier bedarf es eines fundierten Wissens. Ich werde daher im Rahmen dieses Buches nur sehr kurz darauf eingehen und beschränke mich darauf, den Umgang zu erläutern für den Fall, dass Sie mit einem beigestellten Netzwerk umgehen müssen. In einer Unterhaltung mit dem Schulungsleiter eines großen deutschen Herstellers stellte dieser fest: Netzwerktechnik, die durch eine Elektrofirma eingebaut und administriert wird, ist nichts für Handwerker mit gefährlichem Halbwissen. Hier braucht es Fachleute, die immer auf dem neuesten Stand der Technik sind. *Den Datenschutz und die* **Datensicherheit** *sollte man nicht vergessen. Allzu oft wird mit diesem Thema vollkommen fahrlässig umgegangen. Allein die Informationspflicht dem Bauherrn gegenüber, wie mit seinen Daten umgegangen wird, wird selten umgesetzt. In der Datensicherheit ist die sichere Verlegung der Kabel und Leitungen (Außenbereich) ein kleiner Aspekt, der weitaus größere Teil liegt in sicheren Passworten und der Netzwerksicherheit.*

Daher müssen Sie sich mit dem Netzwerk und allen dafür nötigen Bauteilen auseinandersetzen. Es gilt die Trennung und Aufteilung der Netzwerke in VLANs und die Planung von WLAN, bevor die Installation abgeschlossen wird. Weisen Sie Ihren Kunden darauf hin, diesen Punkt bereits **vor dem Bau fertigstellen zu**

lassen. *Die Einrichtung der Netzwerke und der Firewall sowie der nötigen Aktionen zum Thema Netzsicherheit gehören mittlerweile zu jedem Einfamilienhaus. Jeder* ***Fernseher hat bereits einen Netzwerkanschluss****, daher erwähnen Sie diesen in Ihrer Raumaufstellung!*

Sind Visualisierungsserver und -geräte geplant, benötigen Sie fundierte Fachkenntnisse, um die nötigen Informationen mit dem Administrator austauschen zu können. Portfreigaben und Richtlinien, zum Beispiel für Fernzugang und Fernwartung, müssen gesichert sein. Usernamen, Passwörter müssen sicher und durchdacht sein. Die Dokumentation von Usernamen und den dazugehörigen Passwörtern sollte immer getrennt erfolgen. Wir übermitteln zum Beispiel diese Daten niemals in ein und derselben Mail, sondern immer verteilt und zeitlich getrennt.

Abfragen und festlegen müssen Sie:

- Schnittstellen zum Netzwerk: ...... Art: .... Hersteller: .... Anzahl: ....
- Verknüpfungen/Einbindungen: ....

Bringen Sie in Erfahrung, ob aus dem KNX-System Komponenten des Netzwerks gesteuert werden müssen. Da Sie auch Komponenten mit LAN- oder WLAN-Anschluss zum Einsatz bringen, müssen diese in ihrem vollen Umfang bestimmt und angegeben werden. Für viele der vorgenannten Schnittstellen ist die Netzwerkwelt die Grundvoraussetzung.

- festgelegte IP-Adressen: ....
  (Geben Sie hier alle IPs ein, die Ihnen zugewiesen wurden.)
- Komponenten der Visualisierung: ....

Beachten Sie hier, dass Sie immer und in jedem Projekt die ***Firmware-Stände der Geräte und der Applikationen in Einklang*** *bringen müssen. Dies bedeutet für die Kalkulation eine Position, in der die Zeit für Updates und Überprüfung berücksichtigt ist.*

XX. Mobile Endgeräte

Einbindung gewünscht: Ja: ○ Nein: ○

Wenn ja, welche: ....

Integration: Ja: ○ Nein: ○ *(Erfassen Sie hier auch den Zweck und den Umfang der Integration.)*

- zur Fernbedienung: extern ○ intern ○
- zur Anzeige und Visualisierung: Ja: ○ Nein: ○
- zur Auswertung: Ja: ○ Nein: ○
- zur Automatisierung: Ja: ○ Nein: ○

- zugeordnete Funktionen: Ja: ○ Nein: ○
- Wenn ja, welche: ....

XXI. Sonstige Schnittstelle

Ja: ○ Nein: ○

Wenn ja, welche: .... *(z. B. RTI, Crestron, Control 4, SMA, Censys)*

Funktionen und Aufgaben können erst nach der Definition der Schnittstelle festgelegt werden. Sie sind aber zwingend ***vor Abgabe eines Angebotes*** *festzulegen.*

- Sprachsteuerungssysteme: Ja: ○ Nein: ○
- Einbindung Hausgeräte: Ja: ○ Nein: ○
- Wenn ja, welche: .... Hersteller: .... Typ: .... Schnittstelle: ....
- Rauchmelder:
  - Einzelgeräte ○
  - drahtvernetzt ○
  - funkvernetzt ○
  - mit KNX-Schnittstelle ○
  - über BMZ ○
  - Hersteller: .... Typ: ....
- Schnittstellen zu Fremdsystemen: Ja: ○ Nein: ○
- Wenn ja, welche: ....

Lassen Sie hier Platz, in Zukunft wird aus diesem Bereich derart viel Handlungsbedarf auf Sie zukommen, dass Sie gezwungen sein werden, diesen Bereich besonders zu pflegen.

Bei Schnittstellen geben Sie immer die ***Gruppenadressen den benachbarten Gewerken vorab bekannt****. Entwickeln Sie ein Schema für die Gruppenadressen dieses Gewerks und dessen Schnittstellen und behalten Sie diese möglichst über alle Projekte hinweg. In der Regel sind dann nur kleine Anpassungen vonnöten, die Sie bereits im Vorfeld abarbeiten können, und somit können Sie mit einem fertigen Programm zur Baustelle kommen.*

XXII. Sonstige Funktionen

- Wartungsmeldungen: Ja: ○ Nein: ○
- Wenn ja, welche: .... Verwendung zu: ....
- Standby-Schaltung: Ja: ○ Nein: ○ Wenn ja: zentral ○ dezentral ○

*Die **Standby-Schaltung** ist eine Funktion, die ich seit Jahren anbiete. Alle Steckdosen, die für den Anschluss von Standby-Geräten verwendet werden, werden in bestimmten Situationen mit Szenen oder Sequenzen verknüpft, die dafür sorgen, dass die Geräte vom Stromnetz getrennt werden, wenn sie nicht in Gebrauch sind.*

- Netzfreischaltung: Ja: ○ Nein: ○ Wenn ja, in den Räumen erwähnen.
- Wettervorhersagen: Ja: ○ Nein: ○
- RSS-Feeds: Ja: ○ Nein: ○

An dieser Stelle ließe sich eine Unzahl von Möglichkeiten festhalten, die jedoch den Rahmen sprengen würden. Es empfiehlt sich, dem Kunden genau zuzuhören und diesen Baustein zum Beratungsgespräch nach der Auswertung des Erfassungsbogens zu bearbeiten, die Punkte zu notieren und entsprechend im Raumbuch zu erfassen, wenn geklärt und erkannt ist, was Ziel der Anlage ist.

Sie haben nun die Bausteine des Gebäudes erfasst und bereits hier unter Beweis gestellt, dass Sie genau wissen, was Sie tun, indem Sie systematisch abgefragt haben, was vom Kunden angedacht ist. Alle möglichen Varianten lassen sich hier nicht aufführen, arbeitet man aber die bereits aufgeführten Möglichkeiten ab, kommt man dem Ziel sehr nahe, nichts vergessen zu haben. In der Regel ergeben sich aus dem Gespräch neue Anregungen, die Erfassung zu optimieren.

Kommen wir zu den Räumen. Im Lauf der Zeit und in Zusammenhang mit der DIN 18015 haben sich Ausstattungsmerkmale ergeben. Daraus sind **Ausstattungslisten** entstanden, die wir als Bausteine für die Festlegung in jedem Bauvorhaben verwenden. Nach Durchsicht der Baupläne passen wir die Räume an den Bauplan an. In der weiteren Bearbeitung erfolgt nach dem Kundengespräch und der Auswertung des Erfassungsbogens ein Mengenabgleich. Die angepasste Version der Raumplanung wird im Beratungsgespräch dem Kunden vorgelegt und im Detail erklärt. Mengen und Ausstattungsmerkmale können somit erneut überprüft werden. Gegebenenfalls werden sie nochmals korrigiert, angedacht oder die für einen späteren Zeitpunkt vorgesehenen Punkte mit „optional“ gekennzeichnet. Sind Ausstattungen bereits vorhanden oder kommen von benachbarten Gewerken, wird auch dieses vermerkt. Die Raumnamen und deren Bezeichnung werden im Beratungsgespräch bestätigt, sodass diese in die Programmierung übernommen werden können. Die Raumnummern bilden bereits die Grundlage zur Übertragung in die Gruppenadressen.

Anhand von Raumbeispielen möchte ich Ihnen das Vorgehen innerhalb der Räume und des Raumbuchs aufzeigen. Dafür habe ich das Beispiel „Wohnzimmer“ gewählt.

Die erste Version der Ausstattungsliste ist die Standard-Version als Gedankenstütze für das Kundengespräch:

Wohnzimmer, Raum Nr. 2.60	3	Schaltstellen mit Raumtemperaturerfassung
	2	Dimmkreis für je 3 Deckeneinbaustrahler
	1	Dimmkreis Deckenleuchte Tisch
	1	Schaltkreis für Leuchte am Kamin
	2	Dimmkreis Wandauslässe
	1	Schaltkreis Schrank-/Regalbeleuchtung
	1	Kreis schaltbare Steckdosen
	3	Schukosteckdosen
	2	Doppelsteckdosen
	2	Dreifach-Steckdosen
	1	Fünffach-Steckdose
	2	Reedkontakt zur Fensterüberwachung
	5	Anschlusspunkte für Lautsprecher
	1	HiFi in Schrank vorbereitet für Multiroomlösung
	2	Einbaulautsprecher optional
	2	CAT Dose 2x8/8
	1	CAT Dose 3x8/8
	1	Chinch 4-f Anschlussdose
	1	Wireless-LAN in Schrank
	2	Antennenanschluss 3-Loch
	1	Leerrohr für spätere HDMI-Einspeisung zum Fernseher
	3	Anschlussleitung Raffstore
	1	Überwachung Feuerstelle
	1	Rauchmelder

Nach dem Kundengespräch wird das Raumbuch entsprechend der erhaltenen Informationen angeglichen und steht somit für das Beratungsgespräch und als Planungsgrundlage zur weiteren Verfügung.

Hier die überarbeitete Version:

Wohnzimmer, Raum Nr. 2.60	1	Schaltstelle 4-fach Tastsensor Übergang zum Flur
Abgehängte Decke	1	Schaltstelle 6-fach Tastsensor mit Raumtemperaturerfassung Übergang zum Essen
	1	Schaltstelle 3-fach Tastsensor Übergang zur Terrasse
	2	Dimmkreis für je 4 Deckeneinbaustrahler
	1	Dimmkreis Deckenleuchte Tisch
	1	Schaltkreis für Leuchte am Kamin
	1	RGBW Steuerkreis KNX LED-Band im Deckenfries
	1	Dimmkreis Wandauslässe
	1	Schaltkreis Schrank-/Regalbeleuchtung
	1	Kreis schaltbare Steckdosen - Bodentank
	1	Standby Schaltung Steckdosen HiFi und Fernseher
	3	Schukosteckdosen
	2	Doppelsteckdosen
	2	Dreifach-Steckdosen
	1	Fünffach-Steckdose
	1	Bodentank am Sofa bestückt mit Doppelsteckdose und 1× geschaltete Steckdose, LAN 2×8/8
	2	Reedkontakt zur Fensterüberwachung mit Schließzustandsüberwachung
	5	Anschlusspunkte für Lautsprecher
	1	HiFi in Schrank vorbereitet für Multiroomlösung - Sonos connect an vorhandenem Receiver
	2	Einbaulautsprecher optional
	2	CAT Dose 2×8/8
	1	CAT Dose 3×8/8
	1	Cinch 4-f Anschlussdose
	1	Wireless-LAN in Schrank
	2	Antennenanschluss 3-Loch
	1	Leerrohr für spätere HDMI-Einspeisung zum Fernseher
	3	Anschlussleitung Raffstore
	1	Überwachung Feuerstelle - Typ USA - Feuerstelle verfügt über Wassertasche
	1	Rauchmelder
	1	Kühldecke
	1	Fußbodenheizung (Holzbelag) 4-Ventilköpfe

Die Anpassungen wurden erfasst, somit ist die Grundlage für die weiterführende Planung und für die Angebotserstellung geschaffen. Gleichzeitig wurde die Dokumentation zum Gespräch erstellt. Diese Liste verwenden Sie nun in Ihrem Beratungsgespräch und übergeben sie an Ihren Kunden.

Kommt es nun zu einem Auftrag, versenden Sie die erstellte Liste mit allen Erfassungen und erarbeiteten Angaben per Mail an Ihren Kunden, mit der Bitte, diese zu bestätigen.

Als Beispiel zeigt Bild 6.1 eine bearbeitete und fertige Version für ein Einfamilienhaus aus der Praxis.

Materialerfassung für Bauvorhaben
Name: Max Mustermann
Ausstattungsmerkmale im Überblick

Allgemein:	Baustellen - Adresse:
ERDGESCHOSS	alle Steckdosen im gesamten Wohnbereich über alle Etagen sind mit 5 adriger Leitung vorgesehen, Schaltbarkeit ist zu gewährleisten
Eingang Gardarobe Raum Nr. 1	3 Schaltstellen, 1x mit Raumtemperaturerfssung (laut Plan 2 sind jedoch 3 nötig) Schaltkreis 1 Schaltkreis 2 für 5 Auslässe Rauchmelder 6 Steckdosen 1 x Cat Dose 2x8/8 1 Anschlußleitung Rafffstore Türöffner optional elektrisches Schloß Anschlüsse für Kleinküche Sprechstelle Sprechanlage mit Video
WC Gäste Raum Nr.2	Anschlußleitung Handtuchheizkörper Schaltstelle mit Raumtemperaturerfassung Auslass für Spiegelleuchte 3 Steckdosen
Gast Raum Nr 3	3 Schaltstellen, 1x mit Raumtemperaturerfssung Deckenauslass 1 Kreis schaltbare Steckdosen 3 Steckdosen 2 Doppel Steckdosen 1 Dreifach Steckdose 2 x Cat Dose 2x8/8 1x Antennenanschluß 2-Loch 1 Anschlußleitung Raffstore 1x Leerrohr für spätere HDMI Einspeisung zum Datenschrank 1 Reedkontakt optional 1 Rauchmelder optional

Bild 6.1 Fertige Ausstattungsliste aus einem Raumbuch

Wohnzimmer Raum Nr. 4	3 Schaltstellen, 1x mit Raumtemperaturerfssung
	HiFi in Schrank vorbereitet für Multiroomlösung
	Wireless-LAN in Schrank
	Schaltkreis für Leuchte am Kamin W1 4 Wandauslässe
	Dimmkreis 6 Deckenauslässe W3
	Dimmkreis 4 Wandauslässe W2
	1 Schrank/Regalbeleuchtung
	1 Kreise schaltbare Steckdosen
	3 Steckdosen
	2 Dreifach Steckdosen
	1 Reedkontakt optional
	5 Anschlußpunkte für Lautsprecher
	optional Einbaulautsprecher
	2 x Cat Dose 2x8/8
	1 CAT Dose 3x8/8
	1x Chinch 4-f Anschlußdose
	1x Scartanschlußdose
	2x Antennenanschluß 2-Loch
	1x Leerrohr für spätere HDMI Einspeisung Theke zum Fernseher
	3x Anschlußleitung Rafffstore
	Überwachung Feuerstelle
	1 Rauchmelder optional
	1 Bodentank optional
Küche Raum Nr 5	2 Schaltstelle, 1x mit Raumtemperaturerfssung
	Schaltkreis 4 Deckenauslässe
	6 Steckdosen
	2 Dreifach Steckdosen
	1 Herdanschlußdose
	1 Dampfgarer oder gleichwert
	1 Geräte Steckdose
	1 Kochfeld
	1 Mikrowelle
	1 Kaffemaschine
	1 Kühlschrank
	1 Spülmaschine
	2 Deckeneinbaulautsprecher
	1 x Cat Dose 2x8/8
	Touchpanel
	1x Anschlußleitung Rafffstore optional
	1 Reedkontakt optional

Bild 6.1 (*Fortsetzung*) Fertige Ausstattungsliste aus einem Raumbuch

Essen Raum Nr.6	1 Schaltstelle, 1x mit Raumtemperaturerfssung Schaltkreis E1 deckenauslass Schaltkreis E2 (1 Wandbrennstellen) 2 Steckdosen
Abstellraum Raum Nr. 7	1 Schaltstelle, 1x mit Raumtemperaturerfassung 1Schaltkreis Deckenleuchte 1 Schukosteckdose 1 Doppel Steckdosen 1 x Cat Dose 2x8/8 1x Anschlußleitung Rafffstore optional 1 Reedkontakt optional 1 Rauchmelder optional
Flur und Treppe Raum Nr 8	4 Schaltstelle Schaltkreis für 3 Deckenleuchten 1 Schukosteckdose 1x Anschlußleitung Rafffstore 1 Wandleuchten Treppe nach oben 1 Wandleuchten Treppe nach unten
Keller	
Keller Raum Nr 9	1 Schaltstelle für Deckenleuchte Stellventil Heizkörper optional 2 Schukosteckdosen 2 Doppel Steckdosen 1 Cat Dose 2x8/8 1 Rauchmelder optional 1 Serverschrank 1x Antennenanschluß 2-Loch

Bild 6.1 (*Fortsetzung*) Fertige Ausstattungsliste aus einem Raumbuch

Hausanschlussraum Raum Nr 10	1 Schaltstelle 1 Schaltkreis für 1 Deckenleuchte Stellventil Heizkörper optional 2 Schukosteckdosen 2 Doppelsteckdosen Cat Dose 2x8/8 HAK Telekom Schaltschrank, Verteiler, Zählerverteilung mit Zählerplatz für Technik FS Verteilung BK Anlage Waschmaschine Trockner 1 Rauchmelder optional
Technik Raum Nr 11	1 Schaltstelle Lüftungsanlage 2 Schukosteckdosen 2 Doppelsteckdosen Cat Dose 2x8/8 Heizungsanlage 1 Rauchmelder optional 1 Unterverteilung Heizungssteuerung 1 Hebeanlage Energieerfassung optional Einbindung Heizung und Zirkulation Warmwasser ins System
Kellerflur Raum Nr 12	1 Automatikschalter (wäre empfehlenswert) Schaltkreis 6 (1 Deckenleuchte, 1 Wandbrennstelle) 1 Schukosteckdosen 1 Doppel Steckdose Stellventil Heizkörper optional

Bild 6.1 (*Fortsetzung*) Fertige Ausstattungsliste aus einem Raumbuch

OBERGESCHOSS	
Galerie Raum Nr 13	4 Schaltstelle, 1x Raumtemperaturerfassung Schaltkreis Nr. 5 5 Deckenleuchten Schaltkreis Nr. 4 2 Wandbrennstellen 1 Steckdose 1x Anschlußleitung Raffstore
Ankleide Raum Nr 14	1 Automatikschalter (wäre angebracht) + Raumtemperaturregler 1 Deckenbrennstelle 1 Schukosteckdose Schrankbeleuchtung 1 Reedkontakt optional 1 Rauchmelder optional elektrischer Antrieb Oberlicht mit Sperrsignal über Wetterstation
Zimmer 1 Raum Nr 15	2 Schaltstelle, 1x mit Raumtemperaturerfssung Deckenauslass 1 Kreise schaltbare Steckdosen 2 Steckdosen 2 Doppel Steckdosen 1 Dreifach Steckdose 2 x Cat Dose 2x8/8 1x Antennenanschluß 2-Loch 1 Anschlußleitung Rafffstore 1x Leerrohr für spätere HDMI Einspeisung zum Datenschrank 1 Reedkontakt optional 1 Rauchmelder optional
Zimmer 2 Raum Nr 16	2 Schaltstelle, 1x mit Raumtemperaturerfssung Deckenauslass 1 Kreise schaltbare Steckdosen 2 Steckdosen 2 Doppel Steckdosen 1 Dreifach Steckdose 2 x Cat Dose 2x8/8 1x Antennenanschluß 2-Loch 1 Anschlußleitung Raffstore 1x Leerrohr für spätere HDMI Einspeisung zum Datenschrank 1 Reedkontakt optional 1 Rauchmelder optional

Bild 6.1 (*Fortsetzung*) Fertige Ausstattungsliste aus einem Raumbuch

Bad 2 Raum Nr 17	1 Schaltstelle, 1 Raumtemperaturregler
	Schaltkreis Deckenbeleuchtung
	Schaltkreis Spiegelbeleuchtung mit 2 Wandauslässen
	1 Schuko Steckdose
	1 Doppelsteckdose
	Handtuchheizkörper
	2 Lautsprechanschlüsse
	Multiroombedienung über EIB Schalter
	1 Anschlußleitung Raffstore
Bad 1 Raum Nr 18	1 Schaltstelle, 1x mit Raumtemperaturerfssung
	Schaltkreis Deckenbeleuchtung für 3 Deckenbrennstellen
	Schaltkreis Spiegelbeleuchtung mit 2 Wandauslässen
	2 Steckdosen
	3 Doppel Oteckdosen
	Handtuchheizkörper
	Reedkontakt otional
	1 Anschlußleitung Raffstore
	1x Antennenanschluß 2-Loch
	1x Leerrohr für spätere HDMI Einspeisung zum Datenschrank
	Multiroombedienung über EIB Schalter
	2 Lautsprechanschlüsse
Schlafen Eltern Raum Nr 19	4 Schaltstelle, 1x mit Raumtemperaturerfssung
	Schaltkreis Deckenbeleuchtung für 3 Deckenbrennstellen
	Schaltkreis Bett links
	Schaltkreis Bett rechts
	Dimmkreise optional
	2 Kreise schaltbare Steckdosen
	1 Steckdosen
	3 Doppelsteckdosen
	2 Einbaulautsprecher optional
	1 x Cat Dose 2x8/8
	1 x Cat Dose 3x8/8
	1x Antennenanschluß 2-Loch
	1 Reedkontakt optional
	1 Anschlußleitung Raffstore
	1x Leerrohr für spätere HDMI Einspeisung zum Datenschrank
	1 Rauchmelder optional
	Multiroombedienung über EIB Schalter

Bild 6.1 (*Fortsetzung*) Fertige Ausstattungsliste aus einem Raumbuch

7 Die Schnittstellen

Bereits bei der Allgemeinen Erfassung (Abschnitt 6.2.1) im Raumbuch wurden die Schnittstellen zu anderen Gewerken erwähnt. Alle diese Schnittstellen müssen Ihnen bekannt sein, denn ohne vorab festzulegen wer welche Leistung erbringt und wer für welche Teile zuständig ist, lässt sich kein Bauvorhaben zu den geplanten Kosten realisieren. Oft bekommen wir auf die Frage, warum die Schnittstellen nicht im Vorfeld geklärt wurden, die Antwort: „Ist doch gut so, können wir wenigstens Regiearbeit abrechnen". Dazu kann ich Ihnen nur mit auf den Weg geben: Kommen Sie Ihrer kaufmännischen Pflicht nach und erstellen Sie genau für diese Regiearbeiten einmal eine Nachkalkulation. Sie werden schnell erkennen, dass jeder dieser Berichte negativ ist. Vergessen Sie bei der Nachkalkulation nicht die Zeiten, die Sie und Ihre Mitarbeiter benötigen, bis der Bericht zustande kommt, der Bericht verwaltet ist und der Kunde ihn auch anerkannt und bezahlt hat. Seien Sie ehrlich zu sich selbst. Kommen Sie nun zu einem positiven Ergebnis, stimmt Ihre eigentliche Kalkulation nicht. Ich bin mir bewusst, dass ich mit dieser Auffassung polarisiere und auch provoziere. Es wäre dennoch gut, wenn meine These zum Diskutieren anregt, dann wird zumindest darüber nachgedacht.

Da in diesem Punkt ein enormes Fehlerpotenzial liegt, können Sie mit jeder **Schnittstellenangabe** nur gewinnen. Nehmen wir als Beispiel den Baustein „Rollos, Jalousien, Behänge". In den meisten Fällen finden Sie in Ausschreibungen und Leistungsbeschreibungen die Angabe:

„Anschluss von x Stk. Jalousiemotoren"

Welchen Spielraum diese Art der Abfrage bietet, muss ich Ihnen als Mensch der Praxis nicht weiter erklären. Müsste daher nicht eine Beschreibung kommen, die wie folgt lauten könnte?

„Anschluss von x Stk. Jalousiemotoren mit vom Lieferanten beigestelltem Jalousiestecker Hirschmann STAK 3, Endlagen wurden vom Jalousiebauer eingestellt und geprüft, die Leitungsfixierung innerhalb des Jalousiekastens erfolgt durch den Jalousiebauer."

oder

„Anschluss von x Stk. Jalousiemotoren, der Anschluss erfolgt über Anschlussdosen, die Einstellungen und Laufzeiten werden im Zuge der Programmierung erbracht. Die Leitungsfixierung innerhalb des Jalousiekastens erfolgt durch den Jalousiebauer."

Eine klare Beschreibung der Aufgaben, die auf beiden Seiten keine Spekulation mehr nötig macht. Eine Kalkulation kann ohne Risiko durchgeführt werden. Die Niederschrift dieser Zeilen hat nicht einmal zwei Minuten in Anspruch genommen und kann auf alle Projekte angewendet werden.

Im Rahmen der Erfassung hatte ich bereits auf die Probleme bei der Schnittstelle „Flächenheizsysteme, Fußbodenheizung" hingewiesen. Auch hierzu ein Beispiel, wie Ihre Beschreibung der Schnittstelle im Heizkreisverteiler lauten könnte. Anstatt die übliche Formulierung „x Stk. Stellmotoren im Heizkreisverteiler anschließen" zu verwenden, könnte Ihre Beschreibung wie folgt lauten:

„x Stk durch den Heizungsbauer beigestelle Stellmotoren, 230 V stromlos offen, Laufzeit 6 Minuten, am Heizungsaktor im Heizkreisverteiler anschließen und im Zuge der Programmierung auf das Ventil stecken. Voraussetzung ist das vorgelegte Protokoll des hydraulischen Abgleichs durch den Heizungsbauer."

Die beiden Beispiele zeigen den Handlungsbedarf, den es im Bereich der Schnittstellen gibt. Da Sie der Fachmann sind, kann Ihnen diese Aufgabe keiner abnehmen. Sie selbst sind verantwortlich für die Leistung, die Sie erbringen können, daher beschreiben Sie diese möglichst detailliert. Weisen Sie Ihren Kunden auch explizit darauf hin. Geben Sie ihm die Möglichkeit, dies mit den betroffenen Gewerken abzustimmen, damit Teilbereiche der Aufgaben nicht durch die verschiedenen Gewerke mehrmals abgerechnet werden. Im Leistungsumfang des Heizungsbauers darf dann nur die Lieferung der Stellmotoren enthalten sein. Wenn Sie ein guter Verkäufer sind, können Sie Ihrem Kunden auch vorschlagen, die komplette Leistung inklusive Stellmotoren bereitzustellen.

Haben Sie nun das Problem und die Lösung erkannt, erklärt sich auch das Vorgehen. Im Zuge des Projekts ergibt sich im Lauf der Zeit eine Sammlung von kleinen Texten und Aufgaben – Bausteine, die Ihnen die tägliche Arbeit erleichtern und projektorientiert eingesetzt werden können. Die Zeit, die Sie bisher für Diskussionen und Abstimmungen innerhalb der Bauphase aufwenden mussten und in der Regel unproduktiv waren, können Sie nun sinnvoll nutzen. Sie fangen an, zu agieren und müssen nicht mit viel Aufwand und Stress innerhalb kurzer Zeit während der Ausführung reagieren.

Wie immer lohnt es sich, von anderen Branchen zu lernen. Werfen wir einen kurzen Blick ins Übernachtungsgewerbe. Die Frage am Frühstückstisch lautet nicht „Möchten Sie ein Ei?", sondern eine gute Servicekraft fragt „Möchten Sie Ihr Ei hart oder weich gekocht?". Da die Frage nicht mit nein beantwortet werden kann, verkauft die Servicekraft ein Ei.

Wenden wir diese Fragetechnik auf die Stellmotoren an, liefern Sie die Stellmotoren. Somit haben Sie die komplette Schnittstelle in Ihrer Hand. Für den Kunden und für Sie bringt dies nur Vorteile.

Versuchen Sie jedoch nicht, alle Schnittstellen, die Ihnen einfallen, am nächsten Sonntag zu fixieren. Schade um Ihr Wochenende. Gehen Sie auch hier strukturiert vor und entwickeln Sie diese im Rahmen der einzelnen Projekte. Bereits gemachte Erfahrungen sofort einzubringen ist sinnvoll. Bedürfen diese aber mehr als ein paar Minuten Bedenkzeit, verschieben Sie dies, bis Sie damit direkt konfrontiert werden. Die nötigen Informationen erfahren Sie dann direkt und werden mit Sicherheit nichts vergessen, was Sie im fiktiven Fall der gedanklichen Aufarbeitung mit Sicherheit tun würden.

Erstellen Sie nun eine **Schnittstellenliste**, in der Sie die Maßnahmen definieren, die von den Beteiligten zu erbringen sind. Wer liefert was, woher bekommen Sie die nötigen Informationen, die Sie für Ihre Arbeiten benötigen, wie verhält es sich mit der Gewährleistung. Legen Sie klar fest, dass Sie nicht automatisch für die Abnahme einer Leistung eines Ihrer benachbarten Gewerke verantwortlich sind, nur weil Sie Ihren Job machen und an dessen Gewerk Hand anlegen müssen.

Haben Sie die Beschreibung Ihrer Leitungen abgeschlossen, kommen wir zu den eigentlichen Themen des KNX und zu den Bereichen, die den Kunden nur indirekt berühren und die Sie mit diesem auch nicht besprechen müssen.

Legen Sie nun die Art und den benötigten Umfang Ihrer Programmierung fest. Bleiben wir bei der Fußbodenheizung. Im Hintergrund der Bausteine können Sie nun bereits die Art der Ansteuerung festlegen. Ob nun eine Stetig-Regelung, eine Pulsweitenmodulation oder eine 2-Punkt-Regelung zum Einsatz kommen muss, wird bereits in diesem Arbeitsschritt mit hinterlegt. Die benötigten Gruppenadressen ergeben sich und Ihre Programmierung ist bereits vorbereitet.

Wann und in welchem Objekt sich dieser Baustein wiederfindet, spielt nun keine Rolle mehr, denn Ihr Konzept steht fest und bestimmt Ihr Vorgehen. Keine Überraschungen mehr, stressfrei zum Erfolg. Aus den erfassten Daten ergibt sich das weitere Vorgehen und viele Gelegenheiten, zusätzlich Umsatz zu generieren. Es spiegelt auch den Grad Ihrer Kompetenz wider.

8 Gebäudestruktur und Funktionen

Architektur und deren Ausstattung müssen sich im Einklang befinden, ausgewogen und zweckmäßig sein. Sprechen Sie sich daher mit dem Planer ab, versuchen Sie, das Ziel und den Denkansatz zu erkennen, um den Baukörper und dessen Aufteilung zu verstehen. Da wir grundsätzlich davon ausgehen sollten, dass das Gebäude visualisiert wird, muss man das Gebäude verstehen. Zum Verständnis möchte ich ein paar Anregungen geben.

8.1 Bildung von Bereichen

Geht aus der Aufteilung und der Anordnung der Räume hervor, wie sie genutzt werden, kann es sein, dass Räume so angeordnet sind, **dass sich Bereiche bilden lassen.** Mögliche Bereiche wären zum Beispiel: Kinderbereich oder Master/Elternbereich, Gästebereich, Wohnbereich, Hobby-Bereich, persönlicher Bereich.

Die Planung des Baukörpers, dessen Aufteilung und die genannten Bereiche können uns bei der Planung der Adressstruktur im KNX, der Ausstattung und Bedienung der Anlage dienlich sein. Zentraladressen werden dann für Bereiche vergeben, Szenen können in den Bereichen abgehandelt werden.

Diese Struktur klärt, wo sich der Lebensmittelpunkt befindet und wo sich Gäste bewegen. Bei der **Bedienung der Anlage ist dies extrem wichtig.** Nur mit dem optimalen Konzept für die einzelnen Bereiche, abgestimmt auf die Nutzer, können Sie einen hohen Grad der Zufriedenheit und Akzeptanz der gesamten Anlage erreichen.

Auch hier wieder ein **Beispiel:** Konfrontieren sie einen Gast mit einem 6-fach Tastsensor, bei dem er auch noch lesen muss, was auf der Taste steht, wird dieser kopfschüttelnd nach Hause gehen und sich die Frage stellen, warum man für Schalter viel Geld ausgibt, die man nicht einfach an- und ausschalten kann. Dies wird er auch entsprechend kommunizieren, aber natürlich nur nach außen. Daher sollte in **Bereichen, die von Gästen (mit)genutzt werden,** in erster Linie mit Sensoren gearbeitet werden, die einem „normalen“ Schalter sehr nahekommen. Es besteht natürlich auch die Möglichkeit, Automatikschalter, Präsenzmelder oder Bewegungsmelder einzusetzen. Auf keinen Fall dürfen hier Schalter oder Sensoren verbaut werden, die in einer Bedienebene oder Montagehöhe angebracht sind, in der sie unter Umständen **unbewusst von Gästen betätigt werden.**

Von Vorteil ist es, wenn man in Erfahrung bringen kann, wie sich der Nutzer die Integration der Technik in das Gebäude vorstellt. Soll diese als gestalterisches Element eingesetzt werden? Dient sie auch repräsentativen Zwecken? Oder sollte die Technik doch eher unauffällig und im Verborgenen laufen? Dieses Gespräch sollten Sie immer mit allen Beteiligten führen, was heißen soll, nie ohne die Dame des Hauses.

Planen Sie allerdings Schalter oder Sensoren auf die schöne Sichtbetonwand, am besten in die Mitte und für jeden sofort sichtbar, haben Sie sich bereits in der Planung den Architekten zum Feind gemacht.

Adressen können den Bereichen zugeordnet werden, sodass eine klarere Struktur entsteht. Bereiche können mit Funktionen einfach, übersichtlich und mit einer gewissen Logik dargestellt werden. Nutzen Sie die Gebäudestruktur, um Struktur in Ihre Aufgaben zu bringen. Dies sollte Ihnen an dieser Stelle Zielsetzung sein.

8.2 Auswahl der Funktionen

Alle Funktionen, die KNX bietet, hier aufzulisten, würde den Rahmen sprengen. Ich kann Ihnen daher nur den Anstoß liefern, wie man mit Funktionen umgeht, diese erarbeitet und wie sich die Möglichkeiten aus dem Projekt heraus ergeben.

Funktionen, Wünsche und Ansprüche, die über das normale „Licht Ein-Aus-Schalten" hinausgehen, sollten vor der Erstellung eines Angebots besprochen und festgelegt werden. Auch hier ist es sinnvoll, auf die altbekannten Bausteine zu setzen (s. Abschnitt 2.3), dadurch können diese gezielt ausgepreist werden. Es erleichtert Ihre Kalkulation, Sie kommen schnell zu einem Angebot und Ihr Kunde kann entscheiden, ob die eine oder andere Funktion in seinen Etat passt. Hier sollten Sie sich auf keinen Fall den Kopf darüber zerbrechen, ob der kalkulierte Preis in der Höhe angemessen ist. Schnell werden Sie feststellen, dass die Emotionen und die Wertvorstellung der Kunden die Akzeptanz des Preises bestimmen. Daher **kalkulieren Sie den Aufwand ehrlich und realistisch**.

Ein **Beispiel** aus der Praxis: Während der Angebotsphase eines Auftrags ging es um zwei Funktionen, die noch angeboten werden sollten. Es wurde darüber nachgedacht, a) eine Meldung zu erzeugen, wann Heizöl nachbestellt werden muss und b) ob eine Beheizung der Garagenabfahrt realisiert werden soll. Der Baustein Öltankmeldung konnte mit 265 € angeboten werden, die Fahrbahnheizung lag bei 15.000 €. Der Kunde beauftragte die Fahrbahnheizung, denn es war ihm 15.000 € wert, nicht mehr Schnee räumen zu müssen. Die 265 € waren es ihm allerdings nicht wert, eine Meldung zur Bestellung des Heizöls zu erhalten, denn für diese Information kann er ja ab und an auch vor Ort nachsehen. Hätte ich die Entscheidung für mich treffen müssen, ich hätte die Meldung gewählt. Daher sind alle Gedanken, die wir uns dazu machen, erst einmal reine Spekulation. Aber im Laufe der Zeit und wenn man eine gewisse Statistik führt, kann man das Instrument der differenzierten Preisgestaltung nutzen.

Funktionen wie

- Szenen,
- Zentrale Schaltungen,
- Sequenzen, wie Kommen und Gehen,

dürfen auf keinen Fall fehlen. Nutzen Sie auch die Möglichkeit, Ausbaustufen zu erfassen und zu beschreiben.

Nehmen wir **Jalousien** und gliedern diese. Grundfunktion und somit Basispreis ist die Funktion Auf/Ab und die einfache Lamellenverstellung vom Bediengerät. Die erste Aufpreisfunktion wäre dann das Positionsfahren. Eine weitere Aufpreisfunktion wäre die Beschattung. Auch eine Gruppenbildung wird ausgepreist. Hier schaffen Sie Transparenz und Vertrauen. Am besten, Sie **preisen die möglichen Funktionen immer aus**, auch wenn sie erst einmal nicht in Frage kommen. Häufig werden aber dann doch im Zuge der Erstellung Bedürfnisse geweckt. Haben Sie die Funktionen bereits ausgepreist, sparen Sie sich den Aufwand, ein Nachtragsangebot zu erstellen.

8.2.1 Erstellung von Szenen

Funktionen wie Szenen, Zentrale Schaltungen, Sequenzen dürfen in keinem Gebäude fehlen. Sie geben uns auch die Möglichkeit, die Bedienung funktional und übersichtlich zu gestalten. Denken Sie Räume und Bereiche in Szenen, indem Sie sich in die Lage des Nutzers versetzen und überlegen, welche Lebenssituationen ihn im Raum erwarten. Wie nutzt man das Wohnzimmer? Es werden die Szenen Lesen, Fernsehen, Entspannen und Basic entstehen. Wobei Basic der Name der „Putzszene" ist. Also hell und auf den Zweck abgestimmt. Die **Namen der Szenen**, die in den verschiedenen Räumen ähnliche Einstellungen darstellen, sollten immer gleich sein. Die helle Szene heißt dann immer Basic, die abgedimmte, stimmungsvolle immer Ambiente.

Eine Szene einzurichten ist erst sinnvoll, wenn mehr als 3 Kreise angesteuert werden. Verwenden Sie jedoch nie mehr als 4 Szenen pro Raum. Aufzeichnungen in unseren Anlagen haben ergeben, dass die **Bewohner eher weniger als mehr nutzen**. Geben Sie im Rahmen Ihrer Programmierung dem Kunden die Möglichkeit, die Szenen durch **Umlernen** selbst anzupassen. Kommt eine Visualisierung zur Ausführung, wird dies ganz einfach und bringt dem Nutzer höchsten Komfort. Erarbeiten Sie mit dem Kunden eine Szenenliste, die den Pool der Verbraucher aufzeigt, aus dem der Kunde wählen kann, ob und mit welcher Funktion dieser Verbraucher in den Szenen verwendet wird. Hierbei hilft Ihnen wieder Ihr Raumbuch. Da Sie ja darin bereits alle Verbraucher aufgelistet haben, können Sie in der Erweiterung leicht festlegen, in welche Szenen der jeweilige Verbraucher eingebunden wird. Da Szenen nur abgerufen werden, werden die Kunden schnell feststellen, dass über die erneute Betätigung der Szenentaste ein Ausschalten der Szene nicht so ohne Weiteres möglich ist. Planen Sie daher immer eine **Null-Szene** ein. Also eine Szene, die zum Ausschalten dient.

Raumübergreifende Szenen stellen eine besondere Herausforderung dar. Hier muss ein Augenmerk darauf gelegt werden, dass jeder im Pool vorhandene Verbraucher auch wieder ausgeschaltet werden kann. Es ist daher auch **zwingend erforderlich, die Rückmeldungen komplett anzulegen.** Denn ohne Rückmeldungen sind Sie nicht in der Lage, eine Visualisierung zu erstellen. Sie geben Ihnen die nötigen Informationen, was die Anlage gerade tut und welchen Betriebszustand die Bauteile und Geräte haben. Ohne Rückmeldungen wissen Sie zum Beispiel nicht, wo die Rollos gerade stehen. Und bei Zentralfunktionen müssen Sie unter Umständen den Zentralbefehl zweimal auslösen.

Verwenden Sie Szenen und zentrale Funktionen, verändert dies auch den Umgang mit der Tastsensorik. Sie kommen mit weniger Wippen aus, was die Bedienung einfacher und übersichtlicher macht. Natürlich wirkt sich dies auch positiv auf den Etat aus.

8.2.2 Sequenzen

Sequenzen stellen Funktionen dar, die einem immer gleichen Zeitablauf folgen und fest definiert sind. Auch Sequenzen werden nur abgerufen, können jedoch nicht abgebrochen werden. Ein Beispiel wäre die Steuerung eines Heimkinoraums. Löst man diese Sequenz aus, schaltet sich der Beamer ein, die Leinwand fährt in die richtige Position, das Soundsystem wird eingeschaltet, der Zuspieler betriebsbereit gestellt, das Licht entsprechend angedimmt. Hier bietet sich eine Sequenz an, da gewisse Pausen benötigt werden, bis es sinnvoll ist, das entsprechende Gerät in Funktion zu setzen.

Bei den Funktionen „Kommen“ und „Gehen“ können Sequenzen ebenfalls sehr hilfreich sein, wenn bestimmte Voraussetzungen gegeben sein müssen, um eine weitere Funktion auszulösen.

8.2.3 Jalousien, Rollos und Behänge

Jalousien und Rollos werden nicht mehr einzeln gefahren, sondern in **Gruppen** gefasst. Die Einzelbedienung sollte sich auf Türen beschränken. Bitte vergessen Sie hier die **Sperrfunktion** nicht, Ihr Kunde sollte ja nicht die Nacht auf der Terrasse verbringen, nur weil das Rollo meint, es müsse nach unten fahren.

Womit wir beim nächsten Funktionsblock angelangt wären, der durchaus zu den Standards zählt, dem Bereich der Rollos, Jalousien und Behänge. Das Auf- und Ab- bzw. Auf- und Zufahren zählt zu den Grundfunktionen und kann somit als Standardfunktion angelegt werden. Natürlich wieder mit allen Rückmeldungen. Auch wenn in kleineren Projekten erst einmal nur die Standardfunktion ausgeführt werden soll, **bereiten Sie die Anlage so vor**, dass diese zu jeder Zeit problemlos erweitert oder ausgebaut werden kann. Lassen Sie sich nicht dazu verleiten, aus Bequemlichkeit oder weil es zunächst schneller geht, auf Eingaben zu verzichten, die für spätere Funktionen nötig wären.

Was wir immer wieder bei Erweiterungen feststellen, ist die Tatsache, **dass bereits während der Installation nicht richtig kontrolliert wird.** Da der Installateur häufig nicht informiert wird, wie und auf welcher Seite der Motor in die Welle oder den Fahrweg eingebaut wird, bleibt zunächst unklar, ob der Motor im Linkslauf Auf oder Ab fährt. Die Kabel und Leitungen werden im Verteiler den Aktoren zugeordnet und angeschlossen, ohne dass im Vorfeld die **Fahrtrichtung** kontrolliert wird. Und so mancher denkt sich, naja, ist ja nicht so schlimm, alles nur eine Frage der Programmierung. Dreht man halt in der Programmierung. Das wird funktionieren, solange keine Sicherheitsfunktionen implementiert werden. Spätestens, wenn eine Wetterstation dazu kommt, wird Sie Ihre Bequemlichkeit einholen und die Änderungen werden zum Akt, der nun die dreifache Zeit in Anspruch nimmt: Verdrahtung anpassen und in der Programmierung zurück auf Los. Dann nochmal kontrollieren, ob nicht doch noch ein Rollo dabei ist, das verkehrt läuft. Lästig, unnötig und mit Sicherheit zu einem Zeitpunkt, den der Kunde schon bewusst erlebt. Die Gedanken, die in diesem Moment beim Kunden entstehen, brauche ich nicht weiter zu beschreiben. Vermeiden Sie diese Situation, indem Sie von vornherein mit System an die Dinge gehen. Prüfen Sie vorab, ob die **Anschlüsse** passen. Wir gehen sogar so weit, dem Rollobauer ein Formblatt an die Hand zu geben, in dem er uns zum einen bestätigt, dass die Endlagen eingestellt sind, und zum anderen, welcher Draht für Auf und welcher für Ab zuständig ist. Auch fragen wir die **Laufzeit** für Auf und Zu ab, die Windgeschwindigkeit der Sicherheitsfunktion und lassen uns bestätigen, dass die Laufschienen und Führungen richtig montiert sind. Nachdem wir in jungen und noch relativ erfahrungslosen Jahren für einen Schaden haften mussten, der durch nicht montierte Führungsschienen sowohl am Verputz als auch am Rollo entstanden war, gehört dies nun zur Muss-Angabe, die Voraussetzung zur Ausführung unserer Arbeiten ist. Dieses Formblatt – ein Beispiel zeigt Bild 8.1 – ist kein Hexenwerk und auch keine zeitaufwendige Angelegenheit. Es ergibt sich wieder aus dem Raumbuch.

Jalousie/Rollo Formblatt zur Bearbeitung durch den Hersteller

Datum der Übergabe ....

Adresse und Ansprechpartner mit Rufnummer:

....

Hersteller der Motoren ....Typ .... Anschlussspannung V

Art der Behänge ....

Abweichungen ....

Laufzeiten der Motoren Typ 1 .... Typ 2 .... Typ 3 ....

Lamellenlaufzeit .... Lamellentyp ....

Lage der Motoren, Blickrichtung von innen nach außen ....

Abweichungen ....

Sind die Führungsschienen/Führungsseile fertig ausgeführt? Ja O Nein O

Sind die Endlagen eingestellt? Ja O Nein O

Können die Jalousien/Rollos in Betrieb gesetzt werden? Ja O Nein O

Windsperre bei ....

Bild 8.1 Formblatt zur Vorbereitung der Arbeiten im Baustein Rollo/Jalousien

Zur Anlage der Bausteine nehmen Sie die erfassten Angaben des Raumbuches zur Hand und entwickeln Sie die möglichen Funktionen, Abhängigkeiten und Varianten der Steuerung. Bringen Sie die einzelnen Behänge in Einklang mit Raum, Anforderung und Bedienung sowie dem Nutzerverhalten. Legen Sie Ihre Programmierung so an, dass Sie schnell und effektiv Änderungen und Anpassungen vornehmen können. Denn es wird Ihnen nicht gelingen, sobald die Anforderung über ein einfaches Auf/Ab hinaus geht, dem Nutzer und dessen Vorstellungen auf Anhieb gerecht zu werden. Achten Sie daher auch hier auf eine Struktur innerhalb der Adressen, lassen Sie bewusst Lücken, um Adressen nachpflegen zu können. Bei der Anlage der Adressen sollten Sie die **Himmelsrichtungen** miteinbeziehen. Nummerieren Sie niemals einfach nur durch. Finden Sie ein System, das Sie immer wieder anwenden können und bringen Sie dieses System in Einklang mit der Adressstruktur Ihrer Programmierung. Gehen Sie mit der **Langzeit- und Kurzeit-Funktion** der Tastsensoren bewusst um und nutzen Sie diese Möglichkeit gezielt. Denn ein Argument zur Entscheidung für KNX auf Seite des Kunden ist die Tatsache, dass er die Werbeversprechen wörtlich nimmt, und er wird Ihnen gegenüber die Einstellung vertreten, dass es überhaupt kein Problem ist, schnell einmal Funktionen aufzusetzen und zu erweitern. Wobei das Adjektiv „schnell“ in diesem Moment mit „billig“ zu ersetzen ist. Das sollte Ihnen bewusst sein und bereits in der Kalkulation der Grundfunktion Berücksichtigung finden.

Bei der Festlegung der Funktionen und Gruppen müssen Sie Ihren Kunden an die Hand nehmen und führen. Betrachten Sie den Bauplan und entwickeln Sie ein Konzept. Versuchen Sie, mit möglichst wenig Tasten den höchstmöglichen Komfort zu erzielen. Nicht jeder Behang muss zwangsläufig einzeln gesteuert werden. **Fassen Sie lieber in Gruppen zusammen, die sich entweder nach Himmelsrichtungen oder Bereichen orientieren.** Die Einzelbedienung beschränken Sie auf Terrassen und Balkontüren, deren Bedienstelle auch in deren Nähe sitzen sollte.

In die Gedanken zur Steuerung müssen wir auch den Sinn und Zweck des einzelnen Behangs mit einbeziehen. Dient der Behang ausschließlich zur Verdunkelung oder hat er auch Aufgaben zum Sichtschutz oder zur Beschattung? Soll er einen Einfluss auf den energetischen Eintrag der Sonne in einen Raum nehmen oder zusätzlichen Schutz bieten, dass bei Regen aufspritzendes Wasser nicht die Scheiben verschmutzt? Welche Funktionen der Sicherheit sind zweckmäßig oder müssen sogar sein? Da wir dies bereits über das Raumbuch erfragt haben, fällt es nun leicht, einen Vorschlag für das Kundengespräch zu entwickeln.

Die Bausteine könnten nun wie folgt aussehen:

1. Zentrale Gruppensteuerungen (Himmelsrichtungen, Etagenzuordnung, Bereichszuordnung)
2. Beschattungsprogramm über Wetterstation oder Sonnensensoren mit oder ohne Lamellennachführung
3. Energetischer Baustein, im Sommer soll die Sonne draußen bleiben, im Winter holt man sich diese über die Lamellenstellung nach innen
4. Verknüpfung mit der Raumtemperatur
5. Zeitschaltuhren für Automatikbetrieb
6. Hand-Automatikumschaltung
7. Szenenbaustein Behänge
8. Sperrsignale, Sicherheitsfunktionen
   - Windsperre
   - Regensperre
   - Automatiksperre (bei Terrassen und Balkontüren)
   - Alarmfunktion – z. B. löst ein Brand- bzw. Rauchmelder aus, sollten alle Fluchtwege geöffnet werden

In der Praxis begegnet uns immer wieder die Tatsache, dass die Kunden all diese schönen Funktionen **nach einer gewissen Zeit nicht mehr nutzen**, weil dann Dinge geschehen, die für sie als Nutzer nicht nachvollziehbar sind. Schaffen Sie daher die Möglichkeit, dass der Kunde sofort erkennen kann, was sein System gerate tut. Nutzen Sie die LED der Tastsensoren, um Zustände definiert anzuzeigen. Ein **Beispiel**: Befindet sich der Behang im Automatikbetrieb, leuchten die LED der Bedientaste. Liegt ein Sperrsignal an, blinkt die LED. Aber bitte diese Funktion nicht im Schlafzimmer abbilden. Im Schlafzimmer sollte ohne ausdrücklichen Wusch des Kunden keine LED zur Schlafenszeit leuchten.

Zu regelmäßigem Kundenfrust führt häufig auch die Tatsache, dass ein Behang während des Frühstücks 5-mal auf und zu fährt, nur weil sich eine kleine Wolke vor die Sonne schiebt oder ein laues Lüftchen weht. Achten Sie daher auf Ihre **Verzögerungszeiten** und die richtigen Grenzwerte. Aber machen Sie nicht den Fehler und befragen Sie hierzu den Kunden. Diese Erfahrung wird bei Ihnen vorausgesetzt. Ihnen wird die Erwartungshaltung entgegengebracht, für diesen Fall konstruktive Vorschläge machen zu können.

Solch ein Vorschlag kann in **Form einer Matrix** angelegt sein. Ein Beispiel zeigt Bild 8.2.

Schaltmatrix Behänge

Anzeige der Betriegsart und der Sperrfunktionen über LED am Tastsensor sowie in der Visu rot=Sperrsignel und Alarmsperre, grür = Auto, blau = Hand

Gruppen: Alle = Z, Jalousien = J, Rollos = R, Nord = N, Ost = O, Süd = S, West = W, Wohnräume = M, Schlafräume = G, Nebenräume = N, UG = A, EG = B, OG = C

Raumgruppe = Kurzbezeichnung Raum z.B. Wohnen = WZ

Funktionen			Spannung	Aktor	Hand	Gruppenzuordnung	Automtik	Beschattung	Schließzustand bei Beschattung	Lammelen bei Beschattung	Sperrsignal	Verdunkelung	Windalarm	Regenalarm	Simulation	Verknüpfung Alarm	Verknüpfung Brand	Szenen	Sequenzen	Einbindung in Visu	Rückmeldung
Räume	Bezeichnung	Behang																			
Wohnzimmer	Terrassentür	Raffstore	230V	JA 1.1	ja	Z/M/J/WZ/S/B	ja	ja	100%	60%	ja	ja	ja	ja	ja	ja	ja	ja	ja	ja	ja
	Terrassenfenster	Raffstore	230V	JA1.2	ja	Z/M/J/WZ/S/B	ja	ja	100%	60%	nein	ja	ja	ja	ja	ja	ja	ja	ja	ja	ja
	Blumenfenster	Raffstore	230V	JA1.3	ja	Z/M/J/WZ/S/B	ja	ja	80%	60%	nein	ja	ja	ja	ja	ja	ja	ja	ja	ja	ja
	Ost	Raffstore	230V	JA1.4	ja	Z/M/J/WZ/O/B	ja	ja	100%	60%	nein	ja	ja	nein	ja	ja	ja	ja	ja	ja	ja
	West links	Raffstore	230V	JA1.5	ja	Z/M/J/WZ/W/B	ja	ja	100%	60%	nein	ja	ja	ja	ja	ja	ja	ja	ja	ja	ja
	West Mitte	Raffstore	230V	JA1.6	ja	Z/M/J/WZ/W/B	ja	ja	100%	60%	nein	ja	ja	ja	ja	ja	ja	ja	ja	ja	ja
	West Rechts	Raffstore	230V	JA1.7	ja	Z/M/J/WZ/W/B	ja	ja	100%	60%	nein	ja	ja	ja	ja	ja	ja	ja	ja	ja	ja
Schlafzimmer	Balkontür	Rollo	230V	RA1.1	ja	Z/G/R/SZ/N/C	nein	nein	./.	./.	ja	ja	nein	nein	ja	ja	ja	ja	ja	ja	ja
	Balkonfenster	Rollo	230V	RA1.2	ja	Z/G/R/SZ/N/C	nein	nein	./.	./.	nein	ja	nein	nein	ja	ja	ja	ja	ja	ja	ja
	West	Rollo	230V	RA1.3	ja	Z/G/R/SZ/N/C	nein	nein	./.	./.	nein	ja	nein	nein	ja	ja	ja	ja	ja	ja	ja

Bild 8.2 Beispiel einer Behangmatrix

8.2.4 Heizung

Im Rahmen der Heizung sind viele Funktionen sinnvoll, die durchaus zu einer positiven Energiebilanz beitragen können. **Gezielte Betriebsarten-Umschaltungen** können komplette Bereiche in einen sparsamen Modus versetzen. Räume, die nur zu besonderen Anlässen, aber dennoch mit einer gewissen Regelmäßigkeit genutzt werden, können hier komfortabel gesteuert werden. Ein Wellness-Bereich, der nur einmal die Woche zum Einsatz kommt, kann die übrige Zeit in den Schlaf versetzt werden. Ob die oft gepriesenen Funktion „Fenster auf Heizung runter“ sinnvoll ist, muss von Fall zu Fall entschieden werden. Bei einem trägen Flächenheizsystem sollte darauf verzichtet werden, bei Heizkörper, Unterflursystem oder Luftheizungen kann man sie verwenden, gibt es Kühlsysteme, muss sie zum Einsatz kommen.

Um auch hier allen noch kommenden Anforderungen gerecht werden zu können, müssen die Adressstruktur und die Freiräume der Zukunft angepasst sein. Legen Sie auch in diesem Bereich die Adressen bereits vollständig an.

Viele der Möglichkeiten ergeben sich darüber hinaus erst aus dem Zusammenspiel der eingesetzten Systeme. Diese wiederum geben uns Funktionen vor, die dann umgesetzt werden müssen, um zu einer umfänglich funktionierenden Anlage zu kommen.

8.2.5 Überwachung und Kontrolle

Einen Komfortgewinn erreicht man natürlich auch mit den Funktionen der Überwachung und Kontrolle. Das bedeutet, nicht mehr durchs ganze Haus laufen zu müssen, um zu kontrollieren, ob alle Fenster geschlossen sind. Angenehm ist es sicherlich auch zu wissen, dass die Heizung eine Störung aufweist, bevor das ganze Haus kalt ist. Die Möglichkeiten und Anforderungen ergeben sich aus den Gesprächen und dem Raumbuch bzw. der dadurch entstandenen Ausstattungsliste. Aber auch hier gilt, weniger ist oft mehr, und der Nutzer muss immer wissen, warum gerade was im Gebäude geschieht. Daher sollten die Zusammenhänge und Auswirkungen genau beschrieben werden. Häufig ist der beste Weg, dies graphisch darzustellen.

Nehmen wir ein **Beispiel zur Kalkulation**: Ist laut Raumbuch und Pflichtenheft eine Mitteilung gewünscht, dass die Sauna bereit ist, wird dies im Angebot als Baustein „Saunameldung“ beschrieben und mit einem Preis versehen. Der Angebotstext könnte wie folgt lauten: Anbindung der Sauna im Bereich der Erfassung und Weitergabe der Information „Sauna bereit“ sowohl am Panel als auch als SMS.

Eine häufig gewünschte Funktion ist die **Urlaubssimulation**. Setzen Sie diese nur für vorab festgelegte Teilnehmer um. Betrachten Sie das Gebäude von außen und stellen Sie fest, welche Verbraucher den Eindruck eines bewohnten Gebäudes vermitteln. Beschränken Sie Ihre Programmierung auf ein paar einzelne Abläufe und lassen Sie sich nicht dazu verleiten, nur eine Zeitschaltuhr anzulegen. Ein aufmerksamer Beobachter, der Ungutes beabsichtigt, wird aufgrund der Regelmäßigkeit sofort erkennen, dass das Gebäude nicht benutzt wird. Einfach wird es, wenn Sie übergeordnete Geräte zur Steuerung einsetzen. Nehmen wir als Beispiel den Gira Homeserver. Hier können Sie für die gewünschten Verbraucher eine Aufzeichnung des Nutzerverhaltens der vergangenen Tage einrichten und diese Aufzeichnung bei Bedarf abrufen. Das Gebäude verhält sich dann wie im Alltag, wenn es bewohnt wird. Beschränken Sie die Aufzeichnung auf vorab festgelegte Verbraucher.

8.3 Das Pflichtenheft

Ein Pflichtenheft ist ein Muss für jede KNX-Anlage.

Haben Sie bisher alle Anregungen aufgenommen und mit Disziplin das Raumbuch über die Phasen bearbeitet, liegt Ihnen nun ein Pflichtenheft vor. Es sollte daraus klar hervorgehen, wer wann für was zuständig ist, was gewünscht wird und was wir dem Kunden liefern werden. Es muss auch für den ungeübten und technischen Laien klar und einfach verständlich sein. Technische Fachausdrücke, die man ohne Lexikon nicht deuten kann, oder unverständliche Abkürzungen haben im Pflichtenheft nichts zu suchen.

Denn, es müssen nicht nur Ihre Pflichten beschrieben sein, sondern auch alle Gegebenheiten und Voraussetzungen, die der Auftraggeber schaffen muss, sodass Sie in der Lage sind, ihren Auftrag zu erfüllen. Zielführend wäre, wenn auch ersichtlich würde, bis zu welchem Zeitpunkt wer genau was liefern muss.

Das Pflichtenheft sollte vor Beginn der Arbeiten von beiden Seiten als Vertragsbestandteil fixiert werden.

Anhand des Pflichtenheftes kann in der Ausführungsphase des Bauvorhabens die Leistung fortgeschrieben werden. Jede Änderung, Ergänzung oder Minderung kann einfach und zeitnah dokumentiert werden. Eine transparente und nachvollziehbare Abrechnung ist nun möglich.

9 Sensoren und Schalter

„Kann man bei euch auch einfach nur das Licht einschalten?“ Sie erinnern sich an die in der Einleitung gestellte Frage. Dies ist eine Frage, die ich mir in der Vergangenheit oft selbst gestellt habe, wenn ich in Hotels oder KNX-Objekten unterwegs war. Was ist das für eine Technik, wenn ich als erste Aktion die Brille aufsetzen muss, um dann aus einer Auswahl von vielen zu klein und unverständlich beschrifteten Tasten eine aussuchen muss, die dann ein Licht schaltet. Dass ich dabei die Brille brauche, habe ich allerdings erst festgesellt, als ich beim Betätigen einer Taste leider die Taste mit der 0 erwischt hatte und meine Aktion ins Leere ging. „Nun ja, man gewöhnt sich an solche Taster. Lebt man erst einige Zeit damit, weiß man auch, was man drücken muss.“ Eine Argumentation, die man dann von den Verantwortlichen hört, wenn man verhaltene Kritik übt. Aber nein, nicht der Mensch hat sich an die Technik zu gewöhnen, die Technik hat sich den Gewohnheiten des Menschen anzupassen. Somit auch der Ersteller und Programmierer der Anlage.

Der zweite große Fehler, den man in diesem Bereich oft findet: Jeder Verbraucher braucht seinen eigenen Schalter, am besten an der Tür, durch die man den Raum betritt und verlässt. Gibt es mehrere Zugänge, werden wir natürlich diesen Wahnsinn auch an mehreren Stellen wiederfinden. Unübersichtlich, hässlich, teuer und nicht zu bedienen, zumindest nicht ohne Brille und einem ausführlichen Lehrgang zur Bedienung. Häufig wird auch außer Acht gelassen, dass sich in dem Gebäude nicht nur jene Menschen bewegen, die dort leben und nicht die Möglichkeit hatten, an Ihrem Lehrgang teilzunehmen.

Das Bild 9.1 zeigt als Beispiel eine Schaltstelle aus der Praxis, die ohne bewusstes Handeln nicht zu bedienen ist.

Bild 9.1 Beispiel einer ausgesprochenen unübersichtlichen Schaltstelle

Wenn sich dagegen einzelne Gewerke nicht abstimmen, kommt es zu Ergebnissen, wie in Bild 9.2 dargestellt. Bei diesem Beispiel wurden wir jedoch noch vor der Fertigstellung mit ins Boot geholt. Optisch ist es ein gutes Beispiel, wie es nicht sein sollte, vor allen Dingen, wenn ein Touchpanel geplant ist. Die beiden oberen Schalterdosen, die für den Raumtemperaturregler und die Sprechanlage gedacht waren, können genauso wie das kleine Gehäuse für das Bedienelement der Alarmanlage entfallen. Alle Funktionen lassen sich über das Panel wesentlich bequemer und übersichtlicher bedienen. Die untere Schalterdose bleibt für einen einfachen Tastsensor erhalten.

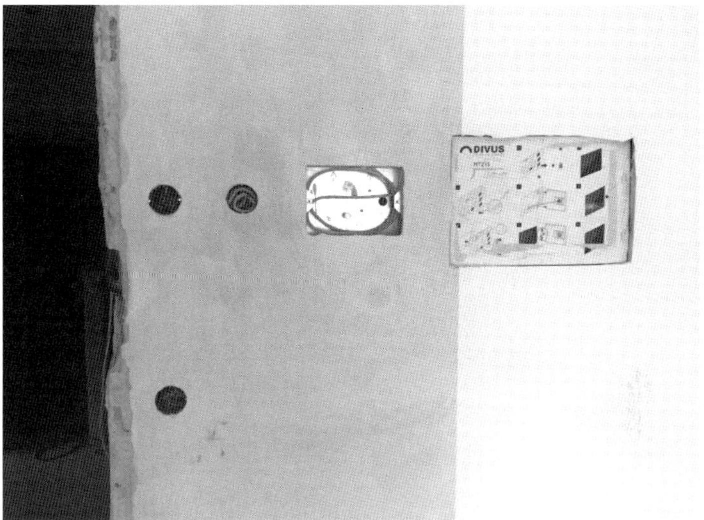

Bild 9.2 Beispiel, wie ein Touchpanel nicht geplant werden sollte

Bild 9.3 Ein erwähnenswertes Beispiel, wie Anordnung und Beschriftung auf keinen Fall realisiert werden sollten

Für ein Beispiel einer gezielten Vorgehensweise soll der Planauszug einer Entwurfsplanung in Bild 9.4 dienen.

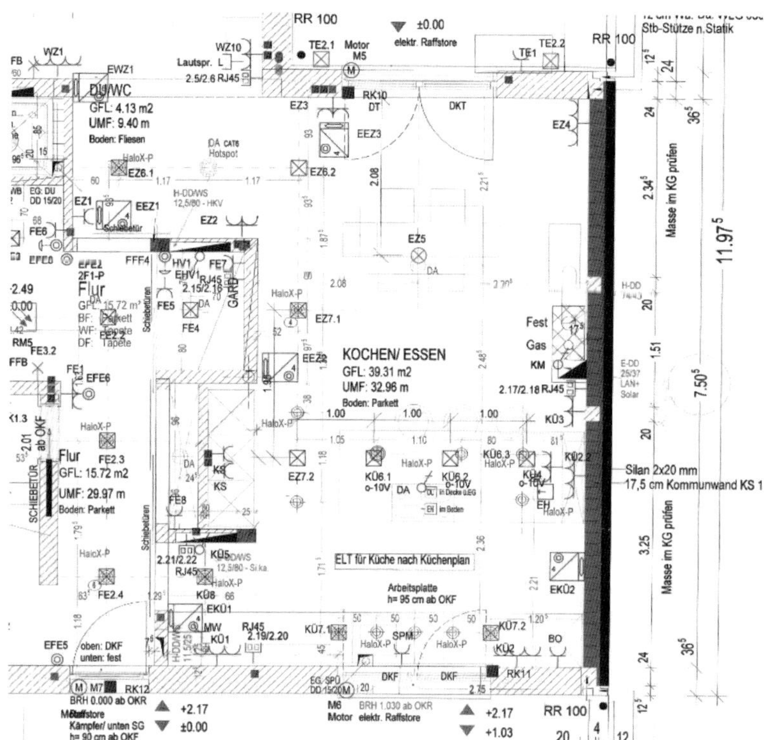

Bild 9.4 Auszug einer Entwurfsplanung

In diesem Auszug lassen sich im dargestellten Raum folgende Schalt- und Regelungsaufgaben erkennen:

- x. Lichtkreise
- x. geschaltete Steckdosen
- x. Jalousiemotoren

Durch die Möglichkeit, den Raum an mehreren Stellen betreten und verlassen zu können, ergibt sich folgendes Ergebnis:

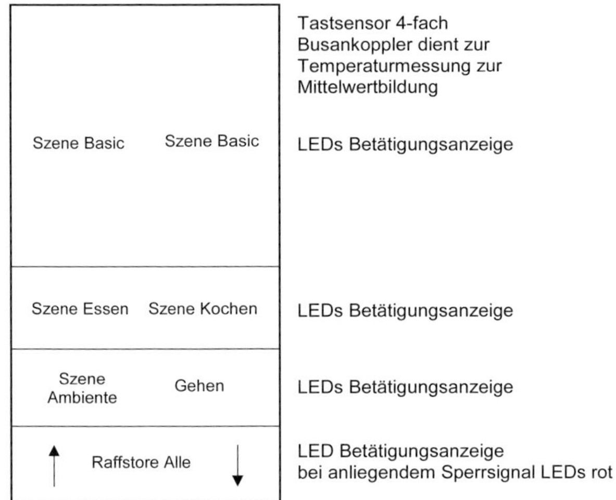

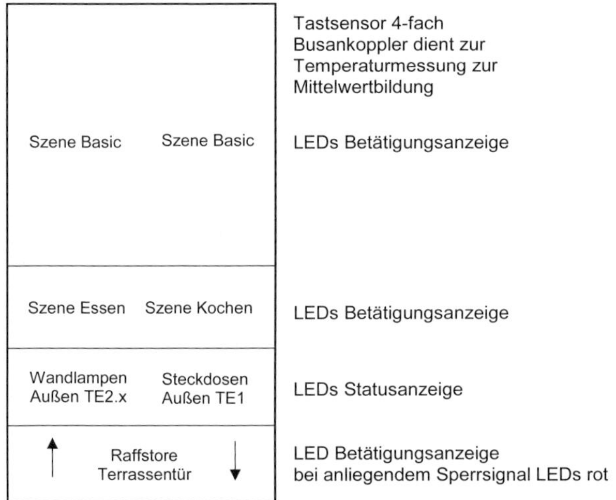

Zwischen Essen und Küche EEZ1

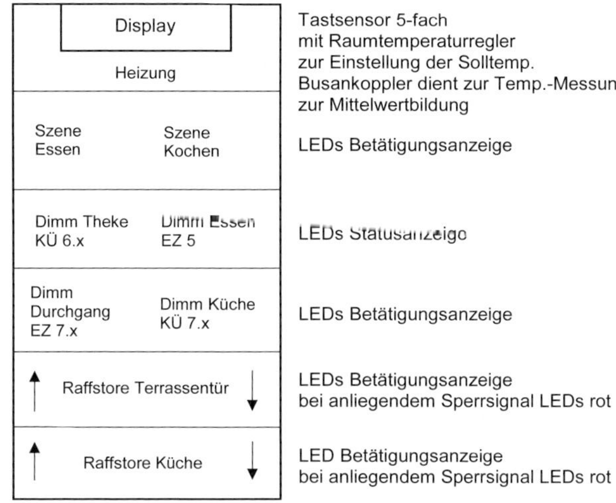

Küche an der Arbeitsfläche EKÜ2

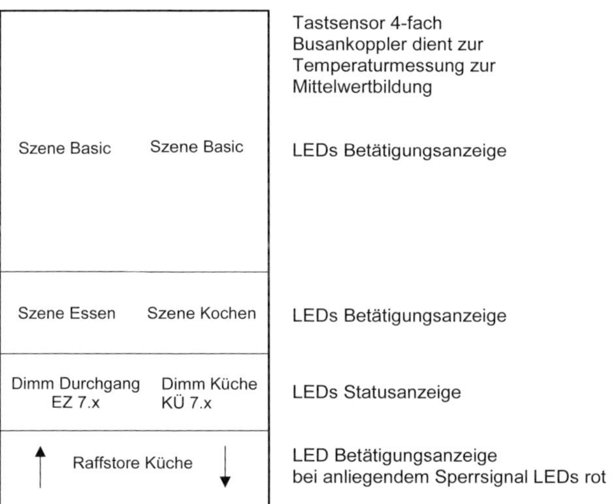

Übergang Küche zum Flur EKÜ1

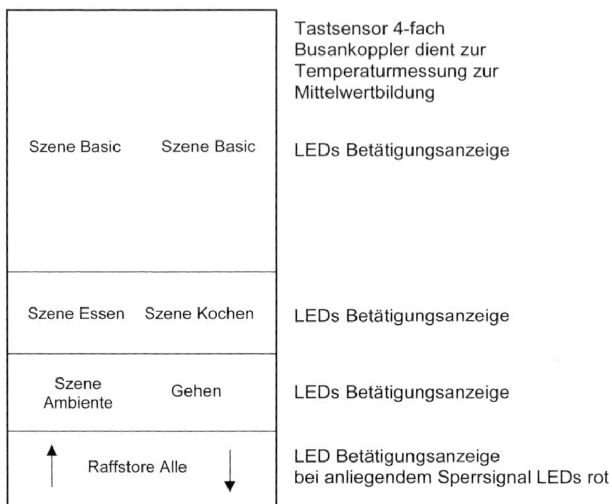

Wie Sie erkennen können, ist es sinnvoll, Funktionen gezielt einzusetzen. Die Anzahl der benötigten Wippen reduziert sich dadurch und die Bedienung wird einfacher und übersichtlicher. Achten Sie darauf, dass die **Belegung der Wippen** über alle Räume im Haus möglichst gleich ist, also die Jalousiewippe immer an der gleichen Stelle und Auf/Ab immer gleich verteilt.

Ich kann Ihnen hier nur die Empfehlung geben, die **Schalter bereits in der Planungsphase zu zeichnen** und dem Kunden zur **Freigabe** vorzulegen. Berechtigt stellen Sie nun fest: Was für ein Aufwand. Kurzfristig gesehen haben Sie sicherlich recht, langfristig rechnet sich diese Maßnahme jedoch. Haben Sie die Zeichnungen erst einmal fertig und benutzen Sie diese auch bei den nachfolgenden Projekten, zahlt sich der Aufwand relativ schnell aus. Müssen Sie dagegen zwei Schalter in einem Objekt tauschen, weil die Nutzer Einwände haben, wäre hier die Zeit für die Zeichnung gut angelegt gewesen. Darüber hinaus gibt Ihnen das oben genannte Vorgehen die Möglichkeit, **die Programmierung bereits im Büro zu erstellen** und Sie müssen nicht Tage auf der Baustelle verbringen.

Da die Programmierung der Sensoren bereits in die heiße Phase des Bauvorhabens fällt, also kurz vor dem Einzug stattfindet, hat die Art des Vorgehens große Auswirkung auf die **Wahrnehmung des Kunden**. Bekommt er die ganze Programmierung auf der Baustelle mit, stellt er sich die Frage, ob es klug war, ein solches System zu wählen. Kommen Sie jedoch mit einer fertigen Programmierung vor Ort an und drücken nur ein paar Programmiertasten und sind schnell fertig, kommt dem Kunden dieser Gedanke nicht einmal im Ansatz, denn so hatte er die Programmierung auch erwartet.

Bei den **Bezeichnungen** der Sensoren und Schalter müssen Sie Disziplin wahren. Alle verwendeten Namen und Bezeichnungen müssen für jedermann klar verständlich sein, auch das Vorschulkind sollte damit etwas anfangen können. Das bedeutet auch, die Benennung durchgängig beizubehalten, also die gleichen Namen und Bezeichnungen vom Raumbuch über das Pflichtenheft in der Programmierung zum Schalter sowie in der Visualisierung verwenden.

Die **Auswahl der Sensoren** unterliegt nicht nur den Anforderungen der darzustellenden Funktionen, sondern wird auch von Designanforderungen geprägt. Daher möchte ich Ihnen die Faktoren, die bei der Auswahl eine Rolle spielen, zusammengefasst auflisten.

1. Design – Der Kunde wählt das Programm, es kann durchaus zweckmäßig sein, in unterschiedlichen Bereichen verschiedene Programme einzusetzen.
2. Ort der Montage – Wo befindet sich die Schaltstelle?
3. Bereiche – In welchem Bereich befindet sich die Schaltstelle, wer wird diese bedienen, welchen äußeren Bedingungen unterliegt diese?
4. Funktionen – Was soll darüber wie bedient werden?
5. Applikations-Programm des gewählten Sensors – Denken Sie an die Zukunft. Stellt Ihnen ein Hersteller eine Basis- und eine Komfort-Variante zur Verfügung, wählen Sie im Bereich des Wohnbaus immer die Komfort-Variante.

Tastsensoren bieten über das reine Schalten durch Betätigen einer Wippe Möglichkeiten, die man sich als Ersteller ansehen und in die Planung einbringen muss. Auch hierzu müssen die Festlegungen vor dem Beginn der Programmierung abgeschlossen sein. Dazu gehören: Kurzzeit oder Langzeit bzw. die Kombination aus beiden? Was machen die LED, wie kann man diese nutzen oder wie müssen diese verwendet werden? Ein grundsätzliches und objektübergreifendes Konzept ist angebracht. Je nach Hersteller stehen Ihnen mehrere Möglichkeiten zur Verfügung, daher sollte Ihr Konzept in Stufen aufgebaut sein. Wann und wo ist eine Betätigungsanzeige sinnvoll? Wo ist eine Rückmeldung nötig, die über die LED am Schalter angezeigt wird? Können unterschiedliche Farben gewählt werden? Status und Störungen lassen sich somit bereits am Schalter visualisieren. In welchen Räumen kann die LED als Orientierungsanzeige eingesetzt werden? In welchen Räumen dürfen die LED auf keinen Fall oder nur zu bestimmten Zeiten in Funktion sein? Sollen sie tageszeitabhängig und dynamisch gesteuert sein?

Da Sie nun an dem Punkt angelangt sind, alle Tastsensoren bestimmt zu haben, müssen Sie sich Gedanken zur **Beschriftung** machen. Haben Sie den Tipp angenommen und alle Schalter bereits im Planungsstadium gezeichnet und mit Namen, Bezeichnungen und Funktionen versehen, müssen Sie nur noch einen Soll-Ist-Vergleich durchführen und Designfragen klären, falls dies nicht bereits im Zuge der Festlegungen erfolgt ist. Zu klären wären folgende Punkte:

Wie sind die Sensoren zu beschriften: gedruckt und eingelegt, gelasert, graviert oder mit Stecksymbolen? Hierzu sind mit dem Kunden zu klären: Schriftart, Symbole, Farbe – lassen Sie sich auf jeden Fall die Namen und Bezeichnungen nochmals bestätigen. Um hier Ärger und Diskussionen zu vermeiden, gehen Sie in Ihrer **Kalkulation** bereits davon aus, dass Sie bei ca. 10 % der Beschriftungen Änderungen vornehmen müssen, wenn der Kunde die Anlage in Betrieb hat. Es wird Ihnen in den seltensten Fällen gelingen, ohne Anpassungen auszukommen. Daher verschaffen Sie sich mit diesem Vorgehen bereits einen gewissen Spielraum, ohne sich mit dem Kunden auf eine Preisdiskussion einlassen zu müssen. Denn hier wird's immer nur einen Verlierer geben, der werden Sie sein. Selbst wenn Sie an dieser Stelle eine Nachberechnung durchsetzen können, in den meisten Fällen war es dann der letzte Auftrag, den Sie für diesen Kunden ohne Vorbehalte auf Kundenseite durchführen werden.

10 Die Aktorenliste

Sicherlich fragen Sie sich nun: Warum soll ich eine Aktorenliste erstellen, diese ergibt sich doch aus dem Stromlaufplan oder wird aus dem Verteilerplan generiert. Aus technischer Sicht haben Sie Recht. Aus kaufmännischer Sicht können Sie mit einem leicht veränderten Vorgehen Ihren Ertrag massiv steigern. Auch hier können wir von den Vertretern der Automobilindustrie lernen. Hat Ihnen beim Kauf eines Fahrzeugs der Verkäufer jemals die Bosch Einspritzanlage ins Angebot geschrieben? Die Fahrzeughersteller setzen genau die Produkte ein, die für die gewünschte Aufgabe das beste Preis-Leistungs-Verhältnis haben.

Nun kommen wir wieder zum Raumbuch. Hier hatten wir erfasst, was wo und wie geschaltet, bedient oder gesteuert werden muss. Wir können also erkennen, welche Leistung geschaltet werden muss, ob Sonderfunktionen wie Anzugsverzögerungen, Treppenlicht-Zeitfunktionen, Stromerkennung oder sonstige Zusatzfunktionen bereits bei den Aktoren zu berücksichtigen sind. Kann ein Außenleiter mehrere Verbraucher versorgen oder wirkt der Aktorkanal nur als potentialfreier Kontakt? Welche Leuchte wird wie gedimmt? Welche Leuchtmittel kommen zum Einsatz? Alles Faktoren, die sich auf unseren Angebotspreis auswirken.

Beschreiben Sie daher in Ihrem Angebot nur die Leistung und die Ausstattung des benötigten Aktorkanals und rechnen über die Anzahl der benötigten Kanäle ab. Die Anzahl der Reservekanäle, die Sie in Ihrem Pflichtenheft angeben sollten, ergibt sich nun aus der Differenz der benötigten Aktorkanäle zu den ausgewählten Aktoren und dadurch bereitgestellter Kanäle. Der **kaufmännische Vorteil** ergibt sich klar aus den großen Preisdifferenzen, die beispielsweise vom preiswertesten Schaltkanal für 9,20 € bis zum teuersten Schaltkanal für 112,33 € reichen (Stand: Mitte 2017). Wie Sie nun erkennen können, sind hier eine gute Markt- und Produktkenntnis nötig, um das beste Angebot erstellen zu können. Produkt- und Marktkenntnis sind in diesem Fall auch ein großer Wettbewerbsvorteil.

Bild 10.1 zeigt beispielhaft eine solche Aktorenliste.

	UV Allgemein				
		Aktor 1			
			Ausgang 1	EIN/AUS	Hifi Werkstatt Lampe
			Ausgang 2	EIN/AUS	Heizungsraum
			Ausgang 3	EIN/AUS	Reserve
			Ausgang 4	EIN/AUS	Hifi Toilette Deckenleuchte
			Ausgang 5	EIN/AUS	Hifi Toilette Spiegelleuchte
			Ausgang 6	EIN/AUS	WC Gäste EG Licht Decke
			Ausgang 7	EIN/AUS	WC Gäste EG Spiegel
			Ausgang 8	EIN/AUS	Reserve
			Ausgang 9	EIN/AUS	EG Flur Licht Decke zur Garderobe
			Ausgang 10	EIN/AUS	Licht Schuppen
		Aktor 2			
			Ausgang 1	EIN/AUS	
			Ausgang 2	EIN/AUS	Zentra Front Oben
			Ausgang 3	EIN/AUS	Büro Deckenleuchte
			Ausgang 4	EIN/AUS	Büro Wandleuchten
			Ausgang 5	EIN/AUS	Am Schuppen
			Ausgang 6	EIN/AUS	Kino Flur Deckenleuchten
			Ausgang 7	EIN/AUS	Kino indirekt
			Ausgang 8	EIN/AUS	Reserve
			Ausgang 9	EIN/AUS	Außenlicht Praxis
			Ausgang 10	EIN/AUS	Licht Garage
		Aktor 3			
			Ausgang 1	Schalten	Eingang
		Dimmer 1			
			Ausgang 1	EIN/AUS	Büro Deckenspots gedimmt
			Ausgang 2	EIN/AUS	Reserve
			Ausgang 3	EIN/AUS	Kino Decke Spots
		Dimmer 2			
			Ausgang 1	EIN/AUS	Reserve
			Ausgang 2	EIN/AUS	Kino Bar Spots
			Ausgang 3	EIN/AUS	Kino Bar Pendelleuchte
		Jalousie 1			
			Ausgang 1	AUF/AB	Jal. Arbeitszimmer links Langzeit
			Ausgang 2	AUF/AB	Jal. Arbeitszimmer rechts Langzeit
			Ausgang 3	AUF/AB	Ja. Garderobe Langzeit
			Ausgang 4	AUF/AB	Jal. WC Gäste EG Langzeit
		Jalousie 2			
			Ausgang 1	AUF/AB	Jal. Kino Langzeit
			Ausgang 2	AUF/AB	Reserve
			Ausgang 3	AUF/AB	Reserve
			Ausgang 4	AUF/AB	Reserve
		Tasterschnittstelle			
			Objekt A	Eingang 1	Büro / Eingang /WC
			Objekt A	Eingang 2	Kino
			Objekt A	Eingang 3	Praxis
			Objekt A	Eingang 4	Schwimmbad

Bild 10.1 Eine Aktorenliste mit allen benötigten Geräten

Achten Sie allerdings darauf, **dass alle ausgewählten Geräte über eine Handbedienebene verfügen**. Sowohl im Servicefall als auch bei der Inbetriebnahme ist dies sehr hilfreich. So können bei der Erstinbetriebnahme alle Aktorkanäle durch den Installateur eingeschaltet werden, bevor die Kanäle bestromt werden. Sollte noch ein Fehler in der Anlage sein, wird kein Kurzschluss geschaltet, der zur Zerstörung des Aktors führt.

Im Fehlerfall oder bei Servicearbeiten benachbarter Gewerke können überdies die Anlagenteile vom Servicepersonal bedient werden, ohne dass Sie vor Ort sein müssen. Ist zum Beispiel ein Raffstoremotor durch den Rollobauer nachzuarbeiten, kann dieser seinen Motor am Aktor direkt bedienen, ohne in die Anlage eingreifen zu müssen. Ein entscheidender Vorteil, der als Verkaufsargument gegenüber konkurrierenden Systemen eingesetzt werden sollte.

Die erstellte Aktorenliste dient nicht nur zur Erfassung, sie hilft in jeder Phase des Baufortschrittes. Im Rahmen der Installationsarbeiten ist der Monteur in der Lage zeitsparend zu prüfen, ob er alle Verbraucher versorgt hat. Im weiteren Fortschritt können die Verbraucher schnell geprüft werden. Der installierende Monteur hat die Möglichkeit, im Handbetrieb die Anschlüsse und die Funktion zu prüfen, ohne dass die Anlage programmiert ist. Der Programmierer nutzt die Liste, um den Kanälen Adressen und Funktionen zuzuweisen. Am Ende steht dem Kunden ein Dokument zur Verfügung, das ihm bei einer etwaigen Handbedienung im Klartext anzeigt, wie sich der gewünschte Kanal schnell schalten lässt.

11 Planung und Produktauswahl

11.1 Die Planung

Den Bereich der Planung möchte ich wieder mit einer Begebenheit beginnen, die wir allerdings häufig erleben dürfen: Installationen, die auf Zeichnungen an den Wänden der Rohbauten beruhen. Und *nur* auf den Wänden. Schade, wenn dann der Putz über die Planung gezogen wird. Mir war nicht bekannt, dass eine anerkannte Ausbildungsstätte diese Art der Planung lehrt. Solche Vorkommnisse sind aber so häufig vorzufinden, dass ich schon fast geneigt bin zu glauben, ich habe da was in der Vergangenheit verpasst.

Was ich damit zum Ausdruck bringen will: Ohne fundierte Planung kann kein vernünftiges Ergebnis erzielt werden. Nun stellt sich die Frage, wie man eine vernünftige Planung definiert. Die Anforderungen an die Planung sind in den einschlägigen Vorschriften hinlänglich beschrieben und werden in der Regel in den Berufsschulen ab dem ersten bis zum letzten Ausbildungsjahr gelehrt. Von den Meisterschulen gar nicht zu reden, auch diese gehen nochmals ausführlich darauf ein. In der Praxis entsteht allerdings der Eindruck, als hätten viele davon noch nichts gehört. Der Ärger aus den Erfahrungen hat mich dazu bewogen, dieses Thema genauer zu analysieren, indem ich die Verantwortlichen zu ihrem Vorgehen befragt habe. Ein Teil der Befragten hat den Sinn meiner Nachfrage nicht verstanden und mit einer Gegenfrage geantwortet: Warum soll man viel Zeit im Büro und auf der Baustelle mit der Planung verbringen, um am Ende eh nur die Kabel einzuziehen, die sich auch aus den Aufzeichnungen an der Wand ergeben? Bei einigen anderen Fällen fehlte einfach die Zeit, im Vorfeld eine Zeichnung zu fertigen, so zumindest die Aussage der Befragten. Schön fand ich auch die Aussage: Das mache ich schon immer so.

Bilden Sie sich selbst eine Meinung dazu.

Für alle, die den Anspruch haben, ganz nah an die perfekte Ausführung zu kommen, oder die, die bereit sind dazuzulernen, um besser zu werden, möchte ich meinen Anspruch an eine Planung beschreiben.

- Ein Muss ist der **Installationsplan**, lesbar, mit allen Schaltzeichen, Maßen, mit Legende und Gedankenstützen. Detailverweise und Ausführungshinweise müssen ebenso enthalten sein.

- Auch ein **Verteilerplan** ist unverzichtbar. Am besten allpolig, mit allen Bezeichnungen und Namen, die bereits im Vorfeld festgelegt und im Raumbuch dokumentiert wurden.
- Von großer Hilfe und hervorragend zur Dokumentation geeignet ist eine **Kabelliste mit Klemmplan.**

Kurz zusammengefasst besteht die Planung aus dem Installationsplan, der auf Grundlage unseres Raumbuches und den Besprechungen mit dem Bauherrn sowie dem Architekten entsteht. Es bietet sich an, diesen Plan in zwei Schritten zu erstellen. Der erste Schritt wäre ein Entwurfsplan. In diesem sind bereits alle Verbraucher gezeichnet, aber noch nicht mit Namen oder Nummern versehen. Nun haben wir zusammen mit dem Raumbuch eine solide Grundlage, um in einer Besprechung mit dem Bauherrn die Installation final festzulegen. An diesem Punkt wird sich noch die eine oder andere Änderung ergeben, die nun in einem zweiten Schritt zusammen mit den Namen, Nummerierungen, Höhenangaben und Beschreibungen in die Werkplanung eingetragen werden.

Da uns nun alle Informationen zur Verfügung stehen, kommen wir mit dem Verteilerplan relativ schnell ans Ziel. Dieser kann auch die Klemmstellen im Gebäude mit einbeziehen. Bei diesem Vorgehen hat man den Vorteil, dass bereits in der Planungsphase alle Klemmstellen erfasst und dokumentiert sind. Zeichnet man durchgängig und allpolig, fallen Berechnungsfehler hinsichtlich zum Beispiel der Aderzahl oder der Leitungsstruktur sofort auf.

Da wir nun wissen, was wie versorgt werden muss und die meisten Zeichenprogramme diese Option bieten, kann aus der Verteilerplanung sofort und direkt eine Kabelliste mit Klemmplan erstellt werden. Dieser hilft bei der Installation ungemein. Der Monteur nimmt sich die Liste zur Hand, kann die bereits verlegten Kabel und Leitungen kontrollieren und abhaken. Wie oft durften wir erleben, dass eine Leitung vergessen wurde, weil man diese aus baulichen Gründen nicht an dem Tag der Installation verlegen konnte, da noch Vorleistungen fehlten. Auffallen tut dies erst, wenn die Inbetriebnahme ansteht. Nacharbeiten und Diskussionen sind die leidvolle Konsequenz aus dieser Nachlässigkeit.

Ein weiterer Vorteil der Kabelliste besteht darin, dass der Monteur eine Vorlage erhält, in der er – wenn nötig – Änderungen leicht und für jeden verständlich eintragen kann. Nach Beendigung der Arbeiten lassen sich diese Änderungen ohne großen Aufwand in die Bestandsdokumentation übernehmen. Jeder nachfolgend Beteiligte wird es Ihnen danken, wenn er bei einer Änderung oder einer Fehlersuche diese Unterlagen zur Hand bekommt. Kein Suchen, kein Ausklingeln, einfach nur nach Plan vorgehen. Da die Namen im Vorfeld festgelegt wurden, wird es auch keine Leitung mehr geben, die mit „Decke Wohnen 1" beschriftet ist, die sonst bei einer Auswahl von sechs möglichen Leuchten dazu führt, erst einmal zu suchen um zu verstehen, bei welcher der sechs Leuchten es sich um die Leuchte 1 handelt.

Da der Monteur nun eine klare Vorlage hat, können die Leitungen auch nach Kabelliste beschriftet werden. Selbst wenn nun eine größere Mannschaft tätig ist, wird jedem klar sein, um welche Leitung es sich handelt, von wo diese kommt, wo diese hingeht und welche Funktion sie haben soll. Auch wenn die Monteure wechseln, der Programmierer ins Projekt einsteigt – alle Daten hinsichtlich der Verdrahtung sind somit verfügbar.

Aufmaße können aufgrund der Liste nachvollziehbar und vollständig erstellt werden.

Anhand der allpoligen Darstellung sind Sie auch in der Lage, auf die Verklemmungen in den entsprechenden Abzweigdosen einzugehen. Dadurch vermeiden Sie, dass die Entscheidung, welche Ader für welche Funktion verwendet wird, von dem Monteur vor Ort getroffen wird. Ohne diese Festlegung zieht das kreative Chaos ein. Gerade, wenn mehradrige Leitungen zur Verwendung kommen. Daher **legen Sie Ihre Belegung der Adern bereits in den Planungen fest!** Sie werden nie mehr Zettel oder Kartonabrisse als Dokumentation der Klemmstellen weiterverarbeiten müssen. Allerdings müssen Sie dann auch auf die Interviews Ihrer Installateure verzichten, um ihnen die nötigen Infos zur Dokumentation aus der Nase zu ziehen, da ja leider der Reinigungstrupp beim Säubern der Baustelle den Karton mit den Infos entsorgt hat. Nicht unüblich ist auch die Aussage, dass grad nichts zum Schreiben zur Hand war. An dieser Stelle breche ich nun ab. Es sollte ausreichend deutlich geworden sein, wie hoch der Stellenwert einer exakten Planung einzuschätzen ist. Die wirtschaftlichen Vorteile und Effekte werden Sie sehr schnell im Ertrag feststellen.

Um die Planung komplett zu machen, fertigen Sie ein Prinzipschema der KNX-Bereiche und Linien an. Topologie und Aufbau der KNX-Installation können somit genau geplant und dokumentiert werden.

11.2 Die Produktauswahl

Wie schön ist es in der KNX-Welt. Eine Unzahl von Herstellern mit einer noch größeren Anzahl von Produkten und diese Produkte mit unendlich scheinenden Möglichkeiten. Nur, wer soll da noch den Überblick behalten? Der Großhändler, die Hersteller, der Installateur, der Programmierer oder der Systemintegrator? Ich denke, die Frage kann man einfach beantworten: keiner. Und ein jeder der Genannten verfolgt naturgemäß andere Interessen. Der Großhändler denkt an seine Marge, der Hersteller möchte seine Produkte verbaut sehen, der Installateur denkt an den Aufwand, der ihn erwartet, der Programmierer möchte Produkte, die er kennt, der Systemintegrator denkt an seine Zeit.

Letztlich **bestimmt jedoch Ihr erstelltes Raumbuch, welche Produkte Sie benötigen.** Um das jeweils passende und optimale Produkt für die benötigte Aufgabenstellung zu verwenden, sollten Sie folgende Aspekte zur Auswahl beachten:

- Technisches Datenblatt,
- Applikationsprogramm,
- Einbaubedingungen und
- Preis.

Wobei der Preis nicht allein durch den Gerätepreis bestimmt wird. Einen großen Einfluss hat auch die Zeit, die zum Einbau und zur Programmierung aufgewendet werden muss. Schaltaktoren sind ein gutes Beispiel, um zu verdeutlichen, wie sich die Bauform und die Anschlusstechnik eines Aktors auf den Gesamtpreis auswirken können. Es befinden sich mehrkanälige Aktoren auf dem Markt, die Brücken zur Verdrahtung mitliefern, bei vielen anderen müssen diese erst erstellt werden. Andere bieten nur Platz zum Anschluss eines Drahts und hier nur einen maximalen Querschnitt von 2,5 mm^2. Andere stellen Klemmen in zwei Reihen zur Verfügung, aber wehe, an der hinteren Reihe muss nochmals etwas geändert werden. Bei einigen Produkten müssen zunächst 38 Schrauben geöffnet werden, bevor man einen Anschluss ausführen kann, ein vergleichbarer Aktor eines anderen Herstellers wird nur gesteckt, hat aber in etwa den gleichen Kanalpreis.

Im Laufe der Jahre habe ich mir angewöhnt, die nötigen Infos zu notieren, und somit die Möglichkeit geschaffen, all die beschriebenen Eigenschaften gegenüberzustellen. Messen, Ausstellungen und Produkteinführungen lassen sich nutzen, um auch die Rahmenfaktoren zur Auswahl sowie die Produkte als solches zu überdenken.

Solch eine **Produktübersicht** ist neben der richtigen Planung ein entscheidender Faktor für Ihren wirtschaftlichen Erfolg.

12 Die Adressstruktur

Eine Überschrift, die Adressstruktur lautet und nicht – wie vielleicht erwartet – physikalische Adressen oder Gruppenadressen, soll Ihre Aufmerksamkeit auf die eigentliche Zielsetzung lenken, die Ihnen bereits geläufigen Adressen zu überdenken. Hierzu hat die KNX-Organisation unter dem Titel „KNX-Projektrichtlinien" eine Druckschrift aufgelegt, die ich Ihnen nahelegen möchte.

12.1 Die physikalischen Adressen

Sehen wir uns zuerst die **physikalischen Adressen** an. Wie wir wissen, handelt es sich hier um die Geräteadressen, also die eindeutigen Namen, unter denen die Geräte im System gefunden werden. Die physikalischen Adressen geben bereits eine gewisse Struktur vor, sichtbar durch den Aufbau der Adresse, drei Zahlen durch Punkte getrennt, und die Vorgabe, dass die erste Zahl von 1 bis 15, die zweite Zahl von 0 bis 15 sowie die dritte Zahl von 1 bis 255 gewählt werden kann. Die kleinste Geräteadresse ist damit 1.0.0 und die größte 15.15.255. Die Adressen müssen vor der Programmierung an die Gräte manuell vergeben werden, erst jetzt können Sie Verknüpfungen oder Parametrierungen durchführen.

Obwohl die physikalischen Adressen frei vergeben werden können, sollten Sie sich bei der Vergabe der Adressen an folgende Regeln halten:

1. Die erste Zahl benennt den Bereich, kennzeichnet also die Bereichslinie (auch Backbone genannt).
2. Die zweite Zahl benennt die Linie. Je Linie können in der Regel max. 64 Geräte angeschlossen werden, die genaue Anzahl wird jedoch von der verwendeten Spannungsversorgung und der Stromaufnahme der zum Einsatz kommenden Geräte bestimmt. Die Stromaufnahme der Gräte können Sie den Datenblättern der Hersteller entnehmen. Sie sollten darauf achten, dass **die Spannungsversorgung zwischen 60 und 90 % ausgelastet ist.** Linien können auch virtuell angelegt werden, also nur als zugeordnete Adressen ohne Linienkoppler und Spannungsversorgung.
3. Die dritte Zahl benennt die Geräte.

Vergleicht man das Konstrukt mit einer Landkarte, wäre die erste Nummer die Stadt, die zweite Nummer wäre dann die Straße, die dritte Nummer wäre mit der Hausnummer gleichzusetzen.

Sie haben die Aufgabe und die Pflicht, Topologie und Adressierung nach geeignetem Muster in Einklang mit dem Gebäude zu bringen. Hierzu möchte ich Ihnen einige Anregungen geben, die jedoch nicht allgemein verbindlich sind.

Betrachten wir die **erste Zahl der Adresse.** KNX bietet Ihnen die Möglichkeit, 15 Bereiche zu bilden. Bereiche werden in der Regel wie in Abschn. 8.1 beschrieben definiert, d. h., wenn Sie in mehreren Gebäuden oder in einem Objekt mit mehreren Einheiten tätig werden. Wichtig ist, dass die physikalischen Adressen 1.0.x für die Bereichslinien reserviert werden sollten.

Kommen wir zur **zweiten Zahl.** Da die 0 bereits reserviert ist, stehen uns hier die Zahlen 1 bis 15 zur Verfügung. Somit wäre unsere erste Startadresse die 1.1.xxx auf der ersten Linie. Verwenden wir die Linien für die Gebäudeteile, kann die gewünschte Struktur erreicht werden. Der Adressbereich 1.1.xxx kommt für alle Geräte im Außenbereich zum Einsatz, die Geräte im Kellergeschoss werden im Adressbereich 1.2.xxx angelegt, für das Erdgeschoss verwenden wir die Adressen 1.3.xxx und so weiter.

Das Spektrum von 1 bis 255 steht uns für die **dritte Zahl** zur Verfügung. Wäre es nun nicht schön, wenn man aus der Adresse erkennen könnte, um welches Gerät es sich genau handelt und wo es zu finden ist? Aus diesem Bedürfnis heraus betrachten wir die Zahlen, die uns zur Verfügung stehen und machen sie zur Basis unserer Ordnung:

1.1.0 ist – wenn nötig – der Linienkoppler
1.1.1 bis 1.1.9 sind die Systemgeräte in der Verteilung
1.1.10 bis 1.1.19 sind die Sensoren im Außenbereich Nord
1.1.20 bis 1.1.29 sind die Sensoren im Außenbereich Ost
1.1.30 bis 1.1.39 sind die Sensoren im Außenbereich West
1.1.40 bis 1.1.49 sind die Sensoren im Außenbereich Süd
1.1.50 bis 1.1.59 für die Garage
usw.

ab 1.1.150 vorgesehen für die Aktoren, die in der Verteilung sitzen
ab 1.1.200 bis 1.1.255 strukturiert für Schnittstellen, Gateways usw.

Für das nächste Gebäudeteil nach gleichem Ansatz würden wir dann verwenden:

1.2.0 wieder für den Linienkoppler
1.2.1 bis 1.2.9 für die Systemgeräte in diesem Stockwerk
1.2.10 bis 1.2.19 für Sensoren im ersten Kellerraum
1.2.20 bis 1.2.29 für Sensoren im zweiten Kellerraum
usw.

Dieses Konzept können wir über das gesamte Projekt anwenden. Einfach und schnell kommen Sie zum Ziel und haben auch für weitere Projekte ein System, das immer wieder aufs Neue verwendet werden kann. Ein Kopieren wird möglich, wenn man die Adressen **bereits im Raumbuch über ein Tabellenkalkulationsprogramm erzeugt**. Nun sollten Sie die Möglichkeit nutzen, die Geräte bereits im Büro oder in der Werkstatt zu adressieren. Man muss ja nicht unbedingt auf der Baustelle für den nächsten Marathonlauf trainieren.

12.2 Die Gruppenadressen

Eine weitere Aufgabe besteht in der Vergabe der **Gruppenadressen**. Die Gruppenadressen sind die Klemmstellen der KNX-Programmierung.

In alten ETS-Versionen können wir noch 2-stellige Gruppenadressen finden, die ich jedoch nicht mehr behandeln möchte. Daher konzentrieren wir uns auf die dreistellige Struktur.

Die Schreibweise der Zahlen lässt uns den Unterschied zwischen physikalischer Adresse und Gruppenadresse erkennen. Während die Zahlen der physikalischen Adressen durch Punkte getrennt werden, verwenden wir bei den Gruppenadressen Schrägstriche, zum Beispiel 2/1/22.

Natürlich haben die Zahlen auch hier eine Bedeutung und sind in ihrem Umfang definiert. Bei der ersten Zahl handelt es sich um die Hauptgruppe, die uns den Zahlenbereich von 0 bis15 zur Verfügung stellt. In der Mittelgruppe können wir 0 bis 7 verwenden, die Untergruppe umfasst den Bereich 0 bis 255.

Gruppenadressen dienen zur Verknüpfung von Tastern und Aktoren und können eigentlich frei vergeben werden. Unterstehen Sie sich, hier kein System zu entwickeln! Sollten Sie der Meinung sein, bei der Auswahl nicht geplant vorgehen zu müssen und nehmen sie, wie sie kommen, handeln Sie grob fahrlässig. Das kann nicht funktionieren und wird Sie teuer zu stehen kommen.

Orientieren wir uns wieder am Raumbuch und am Bauplan und bringen die benötigten Funktionen und Anforderungen in Einklang mit den Adressen. Dazu ein Verfahren als Vorschlag.

Zunächst der Hinweis, dass die Adresse 0/0/0 eine Systemadresse ist und nicht verwendet werden darf.

Aus der **Hauptgruppe** verwenden wir die Zahlen 1 bis 15 und ordnen diese den Funktionen zu:

0/1/xxx steht für die Funktion Energieerfassung
1/x/xxx steht für die Funktion Licht schalten
2/x/xxx steht für die Funktion Licht dimmen
3/x/xxx steht für die Funktion Jalousie/Rollo
4/x/xxx steht für die Funktion geschaltete Kreise (z. B. Steckdosen)
5/x/xxx steht für die Funktion Szenen
6/x/xxx steht für die Funktion Heizen/Kühlen
7/x/xxx steht für die Funktion Ansteuerungen (z. B. Türen, Tore)
8/x/xxx steht für die Funktion der Geräte Technik (z. B. Gateways zu Vaillant, Miele, Ospa usw.)
9/x/xxx steht für die Funktion Wetterstation, Werte-Erfassung
10/x/xxx steht für die Funktion zentrale Schaltungen
11/x/xxx steht für die Funktion Rückmeldungen Licht
12/x/xxx steht für die Funktion Rückmeldungen Jalousie/Rollo
13/x/xxx steht für die Funktion Meldungen allgemein
14/x/xxx steht für die Funktion Multimedia
15/x/xxx steht für die Funktion Alarm

Nach der Hauptgruppe nehmen wir uns der **Mittelgruppe** an. Da uns hier nur sieben Zahlen zur Verfügung stehen, stellen wir mit dieser Gruppe die Bereiche des Gebäudes dar. In Anlehnung an die physikalischen Adressen fällt dies leicht:

x/1/xxx betreffen den Außenbereich
x/2/xxx betreffen den Keller bzw. das Untergeschoss
x/3/xxx betreffen das Erdgeschoss
x/4/xxx betreffen das Obergeschoss
x/5/xxx betreffen das Dachgeschoss
usw.

Zum Schluss nutzen wir die **Untergruppen.** Jeden Gebäudeteil können wir wieder in einzelne Bereiche unterteilen, die dann Zahlenbereichen zugeordnet werden. Hierzu unterteilen wir den Zahlenbereich in Zehnergruppen, beginnend mit der 10. Somit wäre die erste Gruppe der erste Bereich 10 bis 19, der zweite 20 bis 29 usw. **Wichtig für die Zuordnung ist eine Faustregel**, die es zu beachten gilt, um sich Erweiterungsmöglichkeiten für die Zukunft nicht zu verbauen. Finden sich im Bauwerk Räume mit mehr als 10 Leuchtenkreisen, muss der Adressbereich des Raums auf zwei Zehnerblöcke ausgedehnt werden. Diese sollten jedoch folgend sein. Mehr als fünf Jalousien in einem Raum machen das gleiche Vorgehen notwendig.

Zur Strukturierung bieten sich für den Außenbereich wieder die Himmelsrichtungen an und die Sonderbereiche wie Garage, Terrassen, Balkone.

Bei der Aufteilung der Etagen gehen wir von der Haustür und dem Eingangsbereich **im Uhrzeigersinn** vor. Somit gewinnt die Anlage an Struktur, das Tun und Handeln ist jederzeit nachvollziehbar, und man kann sich auch in 20 Jahren noch daran erinnern, was man sich seinerzeit dabei gedacht hat.

In der Praxis würde das dann wie folgt aussehen:

x/3/10-19 Raum 1 (z. B. Flur)
x/3/20-29 Raum 2 (z. B. Küche)
x/3/30-39 Raum 3 (z. B. Essen)
usw.

Zur Verdeutlichung der Struktur nehmen wir das Esszimmer im Erdgeschoss. Zur Aufgabe gehört die Steuerung von zwei Jalousien, einer gedimmten Deckenleuchte, zwei Wandleuchten je links und rechts der Tür, jedoch auf einen Schaltkreis, sowie eine geschaltete Steckdose, um den Fernseher stromlos zumachen. Die Gruppenadressen für dieses **Beispiel** sehen dann wie folgt aus:

1/3/30 – Schalten Leuchte Esszimmer Decke
1/3/31 – Schalten Wandleuchten Esszimmer
2/3/30 - Dimmen Leuchte Esszimmer Decke
2/3/130 – Wert Dimmen Leuchte Esszimmer Decke
12/3/30 – Rückmeldung Leuchte Esszimmer Decke
12/3/31 – Rückmeldung Wandleuchten Esszimmer
12/3/130 – Rückmeldung Wert Dimmen Leuchte Esszimmer Decke

3/3/30 Jalousie Ost Esszimmer fahren Langzeit
3/3/31 Jalousie Ost Esszimmer Lamellen Kurzzeit
3/3/32 Jalousie Süd Esszimmer fahren Langzeit
3/3/33 Jalousie Süd Esszimmer Lamellen Kurzzeit
3/3/130 Jalousie Ost Esszimmer Position fahren Jalousie
3/3/131 Jalousie Ost Esszimmer Position fahren Lamelle
3/3/132 Jalousie Süd Esszimmer Position fahren Jalousie
3/3/133 Jalousie Süd Esszimmer Position fahren Lamelle

11/3/30 Rückmeldung Jalousie Ost Esszimmer Position Beschattung Jalousie
11/3/31 Rückmeldung Jalousie Ost Esszimmer Position Beschattung Lamellen
11/3/32 Rückmeldung Jalousie Süd Esszimmer Position Beschattung Jalousie
11/3/33 Rückmeldung Jalousie Süd Esszimmer Position Beschattung Lamellen
11/3/130 Rückmeldung Jalousie Ost Esszimmer Position Jalousie

11/3/131 Rückmeldung Jalousie Ost Esszimmer Position Lamellen
11/3/132 Rückmeldung Jalousie Süd Esszimmer Position Jalousie
11/3/133 Rückmeldung Jalousie Süd Esszimmer Position Lamellen

4/3/30 geschaltete Steckdose Esszimmer

Das Beispiel zeigt, unsere Frage nach dem was, wo und wie beantwortet sich aus der Adresse. Bei Aufzeichnungen aus dem Busmonitor kann somit ohne große Suche festgestellt werden, was gerade geschieht. Bei Änderungen lassen sich die Geräte und die Anwendungen schnell finden, ohne sich mühsam durch viele Adressen klicken zu müssen.

Wenn Sie sich die Frage stellen, warum Sie alle Adressen anlegen sollen, obwohl sie im Moment nicht benötigt werden, sparen Sie an der falschen Stelle. Durch das beschriebene Verfahren, Adressen in Zusammenhang mit dem Raumbuch zu erstellen und über das verwendete Tabellenkalkulationsprogramm zu generieren, ist es Ihnen möglich, alle Adressen bereits in der Planungsphase zu erstellen.

Eine Gefahr lauert in den unterschiedlichen Bauteilen und der Art, wie die Adressen verarbeitet werden. Sie werden Aktoren auf dem Markt finden, die ein Rückmeldeobjekt eigenständig erzeugen. Andere reagieren auf ein Rückmeldeobjekt auf der gleichen Adresse mit einem Loop und bringen die gesamte Anlage zum Stillstand. Nehmen Sie den Rat an und legen Sie die Rückmeldeadressen sauber und durchgängig an.

Die Art der beschriebenen Adresszuteilung wird sicherlich bei dem einen oder anderen geübten Systemintegrator zu Diskussionen führen. Hier muss jeder Programmierer sein eigenes System finden. Dieses richtet sich nach Funktionen, Räumen und Rahmenbedingungen und muss entsprechend angepasst werden. Die Grundstruktur sollte jedoch aus wirtschaftlichen Gründen immer gleich sein.

13 Die Installation

Übergeben Sie die erstellten Unterlagen an den verantwortlichen Installateur. Besprechen Sie vor Beginn der Installationsarbeiten das Raumbuch und die Pläne mit den verantwortlichen Monteuren. Diesen muss das Ziel klar sein. Sie müssen auch das Bewusstsein dafür wecken, dass Eigendynamik ohne Rücksprache in den meisten Fällen kontraproduktiv ist. Sie müssen dem verantwortlichen Installateur klar machen, dass nötige Änderungen an der Ausführungsplanung nur plankonform durchgeführt werden können. Ein **Beispiel** aus der Praxis belegt, wie gefährlich nicht zu Ende gedachte Entscheidungen vor Ort sein können:

Die Ausstattung eines Schlafzimmers sah zwei Kreise für Einbaustrahler in der Decke vor. Eine schaltbare Steckdose am Fernseher sowie ein Kreis für zwei Wandlampen links und rechts des Fensters. Am Bett sollte es links und rechts je einen Kreis für Leselicht und je einen Kreis für eine schaltbare Steckdose geben. Laut Planung waren zwei 7-adrige Leitungen zur Versorgung des Schlafzimmers vorgesehen. Die erste ging von der Unterverteilung zur Steckdose an der Tür und ist wie folgt geklemmt:
Ader Nr. 1 Dauer Phase
Ader Nr. 2 Schaltkreis Decke links
Ader Nr. 3 Schaltkreis Decke rechts
Ader Nr. 4 Schaltkreis geschaltete Steckdose Fernseher
Ader Nr. 5 Wandleuchten
Ader Nr. 6 Neutralleiter
Ader gn/ge – Schutzleiter

Die zweite Leitung kam vom Unterverteiler und ging zur Klemmdose am Bett und hatte die Belegung:
Ader Nr. 1 Dauer Phase
Ader Nr. 2 Schaltkreis Leselicht Bett links
Ader Nr. 3 Schaltkreis Leselicht Bett rechts
Ader Nr. 4 Schaltkreis geschaltete Steckdose Bett rechts
Ader Nr. 5 Schaltkreis geschaltete Steckdose Bett links
Ader Nr. 6 Neutralleiter
Ader gn/ge – Schutzleiter

Soweit die Planung, für den Installateur vor Ort sollte nun alles klar sein. Weit gefehlt. Da der Leitungsweg von den Wandlampen zum Bett um 50 cm kürzer war als zur Klemmstelle am Schalter, entschied der Monteur, diesen Weg zu nehmen, da es sich auch um eine 7-adrige Leitung handelte. Festgestellt werden solche Fehler natürlich immer erst, wenn bereits alle Wände ihr finales Aussehen haben.

Wäre in diesem Fall dem Monteur der Vorteil einer Kabelliste bewusst gewesen, wäre seinem Chef, der Bauleitung sowie dem Kunden viel Ärger erspart geblieben. Alleine diesen Fehler zu beheben, kostet so viel, dass sich gefühlt sämtliche Planungen der nächsten 5 Jahre amortisiert hätten.

Im genannten Beispiel können Sie erkennen, ich beschreibe eine Kabelbelegung, die die Philosophie des einen oder anderen Kollegen komplett untergräbt. Sicherlich stellen Sie sich nun auch die Frage, ob diese Belegung überhaupt erlaubt ist. Hier kann ich Sie beruhigen. Solange Sie die richtige Absicherung wählen, ist es erlaubt. Die Vorschriften sind erfüllt, lediglich der ein oder andere Philosoph wird die Stirn runzeln. Alle Diskussionen sind in diesem Bereich subjektiv und von Meinungen und Überzeugungen geprägt. Tatsächliche physikalische Gründe werden keine zu finden sein, eine solche Vorgehensweise abzulehnen.

Aber es stehen physikalische und wirtschaftliche Gründe dahinter, diese Art der Installation zu empfehlen. Sie minimiert die Anzahl der Kabel und Leitungen wesentlich, somit auch die Brandlasten, und die Anlage kann wirtschaftlicher erstellt werden.

Ein **häufig vorzufindender Fehler ist in der Verlegung und Verschaltung der Busleitungen** festzustellen. Der KNX-Bus hat den großen Vorteil, dass die Leitungsverlegung nicht besonders anspruchsvoll ist und in der Regel immer funktioniert. Letztlich ist es egal, ob eine Sternverlegung oder eine Baumstruktur gewählt wird. Natürlich kann auch die klassische Busverlegung erfolgen. Bunt gemischt und dennoch wird er arbeiten.

Die einzige Ausnahme ist, wenn ein geschlossener Ring entsteht. Dies passiert leider auch innerhalb von Räumen. Diesen Fehler festzustellen, ist noch vergleichsweise einfach, ihn aber örtlich zu finden, kann sehr zeitaufwendig und ärgerlich sein. „Murphy‘s law“ besagt: Es wird die letzte Dose sein.

Ich möchte Ihnen daher ans Herz legen, strukturiert und geplant vorzugehen. Denn auch die Linien-Aufteilung spielt eine Rolle. Da Sie während der Erstellung der Adressstruktur bereits die Linien behandelt haben, fällt es leicht, die Busverlegung den Linien anzupassen. Dies wurde auch bereits bei der Kabelliste entsprechend berücksichtigt. Auch wenn Sie nur virtuelle Linien geplant haben, sollten Sie die Linien einzeln verkabeln. Wird es zu einem späteren Zeitpunkt nötig, eine virtuelle Linie in eine tatsächliche physikalische Linie mit zusätzlicher Spannungsversorgung und eigenem Linienkoppler umzubauen, wird dies ohne großen Aufwand gelingen. Zwei Drähte abziehen, an dem neuen Linienkoppler anstecken, fertig. Auch hier können Sie erkennen, dass eine durchdachte und dokumentierte Planung immer schnell zum Ziel führt.

In der Vergangenheit wurden wir immer wieder mit Linienkopplern konfrontiert, über die man nicht „hinweg" programmieren konnte, daher haben wir versucht, mit möglichst wenig Kopplern auszukommen. Demnach sollte auch die **Spannungsversorgung** nicht ganz außer Acht gelassen werden. Diese gibt uns in den meisten Anlagen 640 mA vor, was in allen Anleitungen und Vorgaben dazu führt, dass an einer Linie nur 64 Teilnehmer geplant werden sollten. Aus der Erfahrung heraus kann ich Ihnen mit auf den Weg geben, die Anzahl der Geräte stellte noch nie ein Problem dar. Sollte in einer Ihrer Anlagen dennoch einmal ein Problem auftauchen, das zu einer Überlast an der Spannungsversorgung führt und Sie nicht eingrenzen können, woher diese rührt, setzen Sie zur Analyse eine Spannungsversorgung ein, die in der Lage ist, die Buslast anzuzeigen und dies auch aufzeichnet. Besonders zu empfehlen ist hier das Gerät KNX PowerSupply USB 367 von Weinzierl. Im Fehlerfall können Sie hier die Werte „Ausgangsstrom" und „Busspannung" kontrollieren und ausgeben.

Wenn es sich auch so darstellt, dass die Leitungsverlegung kaum Einfluss auf die Bus-Funktionen hat, achten Sie dennoch auf eine saubere Trennung der Leitungen, soweit dies möglich ist. Sie dürfen auf **keinen Fall KNX-Signale in einer Leitung mit der Sprechanlage mischen.** Es mag sich zwar schnell die Idee einstellen: Ach, ich brauch ja noch eine Leitung zum Gartentürchen, da schick ich doch mal den Bus mit über die Leitung der Sprechanlage. Doch diesen Gedanken sollten Sie sofort verwerfen. Die KNX-Signale sind so stark, dass sie die Sprechanlagensignale auf jeden Fall negativ beeinflussen. Dies geht soweit, dass keine Sprechverbindung mehr aufgebaut wird, kein Klingeln mehr möglich ist, doch sobald Sie bei der Störungssuche die Anlage vom Netz nehmen und kurze Zeit später wieder einschalten, läuft die Anlage wieder.

Auch kommt es bei kapazitiven und induktiven Tastsensoren verschiedener Hersteller zu Fehlfunktionen. Hier werden Telegramme abgesetzt oder verfälscht, **die von unsauberen Netzen herrühren.** Ein EMV-Problem, das verschiedene Ursachen haben kann. Der Ursprung der Ursache ist schwer nachweisbar. Bei dieser Art von Fehler können Sie Ihr komplettes Wissen inklusive aller Erfahrung in den Ring werfen, und die Frage nach dem Warum bring Sie dennoch zur Verzweiflung. Ohne entsprechendes Wissen, wie die Telegramme aufgebaut sind, und ohne entsprechende Messtechnik und die Kenntnis, wie Sie diese einsetzen müssen, haben Sie kaum eine Möglichkeit, den Fehler zu lokalisieren und dann zu beheben. Einige Hersteller empfehlen dann den Einsatz von Netzfiltern oder Dämpfungsgliedern. Hierzu konnte ich feststellen, manchmal hilft es, manchmal aber auch nicht.

Nehmen Sie daher den Tipp an und verlegen Sie den KNX immer sauber getrennt und versuchen Sie auszuschließen, dass ein **geschlossener Ring** entstehen kann.

Sind in der Anlage Geräte verbaut, die eine **Zusatzspannungsversorgung** benötigen, verwenden Sie nur solche Geräte, die vom Hersteller auch freigegeben sind.

In der Praxis werden ja in der Regel der gelbe und der weiße Draht zur Verteilung der Zusatzspannung verwendet. Bei vielen auf dem Markt erhältlichen DC-24-V-Netzteilen kommt es allerdings zur Verunreinigung auf dem Bus. Leider darf ich hier keine Namen nennen, obwohl ich meinem Ärger gerne Luft machen würde.

Bestehen Sie bei der Installation darauf, dass **alle Adern der Busleitung durchgeklemmt** werden, also auch alle weiß/gelben. Denn wünscht sich Ihr Kunde ein Gerät, das eine Zusatzspannung benötigt, können Sie im ungünstigsten Fall davon ausgehen, dass dieses Gerät am Ende einer Buslinie gebraucht wird. Ist das Durchklemmen nicht erfolgt, bedeutet das für Sie, alle Schaltstellen, die sich vor dem Gerät in der Buslinie befinden, auszubauen, die Drähte zu verklemmen und erneut einzubauen. Zeit, die Sie sicherlich sinnvoller nutzen könnten, wäre das Verklemmen aller Adern Standard.

13.1 Die Kontrolle und Prüfung der Installation

Bevor Sie mit der Kontrolle und Prüfung beginnen, lassen Sie sich eine Kopie der Prüfberichte der VDE 0100-Messung aushändigen. Gehen Sie anhand Ihres Raumbuchs und der Kabelliste das gesamte Bauwerk durch und haken alle Bestandteile ab. Achten Sie darauf, dass keine Messbrücken vergessen wurden oder noch Adern gebrückt sind, weil diese zugeordnet werden mussten. Vergewissern Sie sich, dass alle Adern von Kabeln und Leitungen, an denen noch kein Verbraucher angeschlossen ist, mit Klemmen versehen sind.

Kontrollieren Sie, ob alle Geräte betriebsbereit sind, sowohl elektrisch als auch mechanisch. Sollten Sie Geräte in der Anlage haben, die mechanisch noch nicht komplett ausgeführt sind, müssen Sie darauf bestehen, dass diese abgeklemmt werden. Oder diese werden so geschützt, dass kein Schaden entstehen kann. Ihre KNX-Inbetriebnahme kann erst erfolgen, wenn sichergestellt ist, dass dadurch kein Schaden entsteht.

Achten Sie bei der Kontrolle auch auf die Stellung der Aktorkanäle, die eine Schalt- oder Dimmfunktion von Verbrauchern haben. Die betreffenden Kanäle sollten per Hand eingeschaltet sein.

Von Vorteil wäre auch, wenn bereits zum Zeitpunkt der Programmierung alle Gerätebeschriftungen fertiggestellt sind. Nicht nur die der Elektrotechnik, auch Ventile der Heizung und Geräte, die zu steuern sind. Das Raumbuch hilft hier bei der Kontrolle. Fehlen Beschriftungen, müssen Sie vor Ort entscheiden, ob dieser Umstand Ihre Arbeit beeinflusst oder nicht. Dokumentieren Sie alle Auffälligkeiten und weisen Sie den Bauherrn sowie die Bauleitung auf diesen Umstand hin. Benennen Sie auch alle Konsequenzen.

14 Programmierung und Systemintegration

14.1 Die Programmierung

Da die Programmierung selbst Thema zahlreicher Fachbücher und Publikationen ist, werde ich hier nicht ins Detail gehen. Thema an dieser Stelle sollen die Randbereiche in Bezug auf Planung und Installation sein. Wie bereits bei den Adressen beschrieben, ist das A und O ein strukturiertes Arbeiten. Haben alle Ihre Programmierungen einen ähnlichen Aufbau, können Sie diese mit kleinen Anpassungen auch auf weitere Projekte übertragen. Entwickeln Sie ein System der Gleichheit. Sie werden sehen, es zahlt sich aus.

Ihr Raumbuch und das Pflichtenheft geben Ihnen die Ziele vor. Haben Sie sich an den Tipp gehalten, alle Anforderungen in Bausteine zu fassen, sind die erstellten Bausteine komplett auf die Programmierung übertragbar.

Um wirtschaftliche Programmierungen erstellen zu können, müssen auch diese geplant sein. Die Punkte, die zu beachten sind und in die Planungen mit einfließen, entscheiden sowohl über Ihren technischen als auch über Ihren wirtschaftlichen Erfolg.

Führen sie Ihre Programmierung – wenn möglich – nie auf der Baustelle aus. Erstellen Sie das Projekt in Ihrem Büro. Dabei kommt das Raumbuch wieder zum Einsatz. Da Sie Adressen auch mit Tabellenkalkulationsprogrammen erzeugen können, die dann als CSV-Datei in die ETS importiert werden, liegt es nah, das Raumbuch zu benutzen, um die benötigten Daten zu erzeugen. Achten Sie daher bereits beim Grundaufbau des Raumbuchs auf die Reihenfolge und gestalten Sie die Excel-Datei entsprechend den Aufgaben, die Sie zu erwarten haben. Sie dokumentieren bei diesem Verfahren auch den Projektverlauf.

Es folgt ein **Beispiel** zur Anlage der Datei mit entsprechender **Registerreihenfolge**, die Sie durchs gesamte Projekt begleitet:

1. Register – Musterraumbuch (Arbeitsblatt zum ersten Kundengespräch mit dem bereits eingangs beschriebenen Erfassungsbogen; die Formatierung sollte so gewählt werden, dass es zum Bearbeiten ausgedruckt werden kann. Als PDF-Dokument kann es dann auch an den Kunden und den Architekten zur Bearbeitung und als Gedächtnisstütze weitergegeben werden.)

2. Register – Raumbuch Soll (nach Erfassung der Daten und der Bearbeitung der Pläne)

3. Register – Raumbuch Ist (nach Installation und vor Programmierung – als Grundlage zur weiteren Bearbeitung)

4. Register – Pflichtenheft Soll (gibt besprochene und festgelegte Punkte des Angebots wieder)

5. Register – Pflichtenheft Ist (während der Bauphase fortgeschriebene und angepasste Version, dient nun zur Programmierung)

6. Register – Muster Sensorenliste (grafisch aufgearbeitete Version der Sensoren und deren Belegung; von Ihnen unter Berücksichtigung der Vorgaben erststellte Version zur Weitergabe an den Kunden zur Bearbeitung als PDF-Dokument)

7. Register – Sensorenliste Soll (überabeitetes Muster der Sensorenliste mit den Eintragungen und Anregungen, Änderungen nach Bearbeitung mit dem Kunden, dient nun zur Vorbereitung der Programmierung)

8. Register – Sensorenliste Ist (Anpassungen nach Fertigstellung und zur Übergabe als Dokumentation an den Kunden)

9. Register – Exportdatei Sensoren (Arbeitsblatt zum Erzeugen der KNX-Adressen)

10. Register – Exportdatei Aktoren (Arbeitsblatt zum Erzeugen der KNX-Adressen)

11. Register – Exportdatei Schnittstellen (Arbeitsblatt zum Erzeugen der KNX-Adressen)

12. Register – Arbeitsblatt Logik (Auflistung und Erstellung der benötigten Logiken)

13. Register – Muster Visualisierung (Arbeitsblatt zur Festlegung der Visualisierung, Ihr Vorschlag an den Kunden mit Informationen, was wie visualisiert wird)

14. Register – Visualisierung (dient zur schriftlichen Festlegung der gewünschten Visualisierungsbausteine)

15. Register – Übergabedatei ETS

Benutzen Sie den Installationsplan und erweitern darin die Namen der gezeichneten Bauteile um die Adressen, die Sie ihnen zuweisen werden. Bereits in diesem Moment haben Sie einen Teil Ihrer **Dokumentation** erstellt, die Sie liefern müssen.

Das Pflichtenheft und die gewünschten Funktionen bestimmen Ihre Bausteine. Folgende Fragen müssen Sie mit der Planung Ihrer Programmierung beantworten:

- Was muss wie gesteuert werden?
- Wer oder was löst welche Aktion aus?
- Welche Aktion beeinflusst welche Funktion?

- Welche Rahmenbedingungen stehen wie und wann mit unseren Aktionen oder Funktionen in Verbindung oder haben Auswirkungen auf die Funktion?
- Welche Logiken müssen erstellt oder beachtet werden?
- Welche Grenzwerte, Zeiten für Verriegelungen, Sperren oder Freigaben oder sonstige physikalische Größen werden unser Tun wie beeinflussen?
- Muss der Bit- oder Bite-Wert verwendet werden?
- Wann sendet welches Bauteil wie und wie oft?
- Kurzum: Wenn was, was dann?

Eine weitere Frage, die sich stellt: **Mit welchem Bauteil** realisiere ich die gewünschte Funktion? Ist zum Beispiel eine Beschattung erwünscht, können die Parameter sowohl in der Wetterstation als auch im Jalousieaktor gewählt werden. Welcher Weg letztlich der bessere ist, wird durch weitere Rahmenbedingungen bestimmt. **Halten Sie die Programmierung offen** und beschränken Sie sich nicht bereits im Vorfeld. Ein gutes Beispiel sind die Zentraladressen. Diese können global angelegt werden, somit kommen Sie mit ein paar wenigen aus. Es steht Ihnen aber auch die Möglichkeit zur Verfügung, einzelne Adressen zu erzeugen. Sie sollten sich aber bewusst sein, dass es Bauteile gibt, die nur eine begrenzte Anzahl von Adressen zulassen, die verknüpft werden sollen.

Verlieren Sie in Ihrer Planung nicht die Buslast aus den Augen.

Adressen müssen korrekt zugewiesen werden, Router und Koppler sollten so konfiguriert werden, dass keine Meldungen mit falscher Quelladresse weitergleitet werden. So können Sie ungewollte Kommunikation auf eine Linie begrenzen. Durch die Verwendung von **Filtertabellen**, die Sie in die Koppler eintragen, werden keine Gruppenadressen in eine Linie weitergeitet, in der sie nicht verwendet werden. Sie stellen so auch sicher, dass sich Telegramme nicht ungewollt und unkontrolliert über die gesamte KNX-Anlage ausbreiten.

14.2 Die Systemintegration

Die Kür der Programmierung ist die Systemintegration. Eine Aufgabe, die häufig vollkommen unterschätzt wird.

Die Problematik liegt bereits in der Definition des Begriffs Systemintegration. Für viele Hersteller endet das Thema, wenn es eine App fürs Handy gibt. Doch ein Gebäude über 12 Apps zu bedienen, erscheint, nun ja, nicht erstrebenswert.

Die Aufgabe beginnt bereits im Vorfeld. Sie müssen das Bewusstsein wecken, dass die wahre Systemintegration in der Herausforderung besteht, dass sich alle

Geräte, die eine Verknüpfung erhalten sollen oder müssen, miteinander unterhalten können. Ich vergleiche dies gerne mit den Völkern dieser Erde. Ein friedliches und inniges Miteinander kann nur stattfinden, wenn eine Kommunikation stattfindet. Dazu ist es nötig, die Fremdsprachen zu beherrschen. Beherrscht man diese nicht selbst, wird man gut daran tun, sich einen Dolmetscher zu suchen. Ideal wäre es, wenn dieser simultan übersetzen könnte.

Diese Dolmetscher werden uns von der Industrie in Form von **Schnittstellen** zur Verfügung gestellt. Die Schwierigkeit besteht darin, die Sprache und unter Umständen den Dialekt zu erkennen, um zu entscheiden, wie der Dolmetscher eingesetzt werden muss, dass ein konstruktiver Austausch stattfinden kann. Die Fallstricke liegen im Detail. Häufig wissen selbst die Hersteller nicht, was ihre Geräte alles leisten oder besser nicht leisten können. Das Einzige, was hier hilft, ist Erfahrung. Alle **Erfahrungen**, die Sie in diesem Bereich sammeln können, sollten Sie **dokumentieren.** Sowohl die negativen als auch die positiven. Die positiven Erfahrungen versetzen Sie in die Lage, Empfehlungen auszusprechen, die negativen, um von Haus aus den Auftrag oder die Aufgabe abzulehnen.

Der Markt suggeriert auch häufig, dass „ihre“ Schnittstellen eingesetzt werden müssen. Betrachtet man sich die Aufgabenstellung und die Bauteile, die bereits im Objekt eingesetzt werden, kommt man schnell zu dem Ergebnis, dass es wohl wirtschaftlicher ist, auf die gepriesene Schnittstelle zu verzichten und die gewünschte Aufgabe mit Mitteln der KNX-Welt darzustellen. Ein **Bespiel** wäre hier die Überwachung eines Geräts. Es soll lediglich erfasst werden, ob das Gerät in Betrieb ist oder nicht. Ein Aktorplatz mit Stromerkennung wäre an dieser Stelle ausreichend.

Ich kann Ihnen an dieser Stelle nur empfehlen, bei den ersten Projekten, die Sie mit Integration anbieten müssen, einen erfahrenen Systemintegrator mit ins Boot zu nehmen. Hier können Sie von den Erfahrungen profitieren und sparen sich das Lehrgeld in Form eines unzufriedenen Kunden und Zeitverlust durch unendliches Probieren, der dann letztlich doch zu keinem Ergebnis führt.

Die Erkenntnis, ob und in welcher Form Sie in der Lage sind, eine Integration vorzunehmen, ergibt sich aus dem Raumbuch. Sollten Sie auf Grund der Anforderungen den Eindruck bekommen, dass Ihre Grenzen des Machbaren überschritten werden, finden Sie auf den Seiten einiger Hersteller eine Auflistung von Systemintegratoren, die Ihnen zur Hand gehen können. Da auch diese unterschiedliche Schwerpunkte haben, sollten Sie die Möglichkeit nutzen, deren Referenzen Ihren Anforderungen gegenüberzustellen. Würden Sie mich zum Beispiel kontaktieren und die Integration in einem Industriekomplex zur Aufgabe machen, würde ich Ihnen einen Kollegen empfehlen. Bei einer Villa hingegen könnte ich aufgrund meiner Berufserfahrung auf Ihr Angebot eingehen.

15 Von der Inbetriebnahme bis zur Nachbearbeitung

15.1 Die Inbetriebnahme

Der schönste Teil der Aufgabe ist eigentlich die Inbetriebnahme. Hier können Sie Ihre Fachkompetenz unter Beweis stellen.

Fachkompetenz stellen Sie unter Beweis, wenn Sie mit einem fertigen Programm auf der Baustelle erscheinen, ein paar Knöpfe drücken und der Kunde bereits am ersten Abend sieht, dass in den Räumen Licht brennt. Unverständnis wird Ihnen entgegengebracht, wenn nach drei Tagen die LED der Sensoren immer noch blinken.

Nehmen Sie bei der Inbetriebnahme wieder Ihr **Raumbuch** zur Hand, haken Sie ab, was bereits erledigt und abgearbeitet ist, ergänzen Sie eventuelle Änderungen. Notieren Sie sich alle Fragen, die noch zu klären sind, denn einige werden während der Inbetriebnahme noch entstehen.

Nach Abschluss der Arbeiten weisen Sie Ihren Kunden ein, nutzen die Gelegenheit, um die finale Beschriftung der Sensoren zu besprechen und lassen sich **dies auch bestätigen.**

15.2 Die Nachprogrammierung

Geben Sie in Ihrem **Angebot bereits zu erkennen**, dass eine Nachprogrammierung vorgesehen ist. Dies nimmt dem Kunden den Druck und die Angst, Entscheidungen zu einem Zeitpunkt treffen zu müssen, zu dem er eigentlich noch nichts beurteilen kann. Sie müssen Sicherheit vermitteln und dem Kunden die Angst vor dem Neuen nehmen. Daher ist die Nachprogrammierung ein wesentlicher **Faktor der Kundenbetreuung.**

Die Nachprogrammierung sollte zwischen 4 und 8 Wochen nach Einzug erfolgen. Grundlage ist die Sensorenliste des Raumbuchs. Erklären Sie Ihrem Kunden, dass er alle gewünschten Änderungen in Bezug auf die Belegung möglichst in die übergebene Liste einträgt.

Nachdem Ihnen die Liste wieder vorgelegt wurde, können Sie die Nachprogrammierung ausführen und das Projekt abschließen. Die Liste dient daraufhin zu Dokumentationszwecken.

Wenden Sie alle in diesem Buch vorgestellten Tipps konsequent an, halten Sie nun eine Chronik des Projekts in Händen, das zu keiner Zeit Fragen offen lässt. Sie können anhand der Unterlagen zu jeder Zeit nachvollziehen, wann es warum zu welcher Änderung gekommen ist.

15.3 Die Dokumentation

Das Stiefmütterchen vieler Anlagen ist die Dokumentation. Hier gilt scheinbar der Irrglaube, die beste Dokumentation ist das Erinnerungsvermögen derer, die eine Anlage erstellt und gebaut haben. Die Erfahrung hat allerdings gelehrt, dass eine gewisse Anlagendemenz bereits nach ein paar Stunden einsetzt.

Es steht außer Frage, dass eine 100 %ige Erfolgsquote, eine vollständige und fehlerfreie Dokumentation zu liefern, fast nicht zu schaffen ist. Viele am Bauwerk Beteiligte, vom Planer über den Kunden bis zum ausführenden Monteur, dazu viele Bauteile in unterschiedlichen Variationen, darüber hinaus Dynamik und Änderungsverhalten, Offenheit und Individualität charakterisieren jedes Projekt auf andere Weise. Diese Faktoren alle lückenlos zu erfassen und auch genau zum richtigen Zeitpunkt zu dokumentieren, ist eine der größten Herausforderungen.

Aber die Dokumentation auf einen handgeschriebenen Zettel, mit Isolierband in der Verteilung befestigt, zu reduzieren, ist auch kein Weg. Dieses weit verbreitete Vorgehen ärgert mich bereits seit meiner Ausbildung. Auch innerhalb des eigenen Betriebs ist dieses Ärgernis ein fast täglicher Diskussionspunkt. Daraus ist fast ein Hobby entstanden: die Aufzeichnung und Analyse der vorgefundenen Dokumentationen elektrischer Anlagen. Seit der Idee im Jahr 1995 war ich in der Zwischenzeit mit fast **2000 Anlagen** konfrontiert. Hier ein kleiner **Auszug aus den gewonnenen Erkenntnissen**, kurz zusammengefasst:

- 18 % der Anlagen hatten keine Dokumentation. Hierzu zähle ich auch jene Anlagen, die an dem einen oder anderen Leitungsschutz mit Stift, schwer leserlich, eine Notiz als Verweis stehen haben.
- In 51 % der Anlagen konnte zumindest eine Sicherungslegende im Verteiler vorgefunden werden, oft allerdings nicht gepflegt, also bei Änderungen ergänzt oder verbessert.
- 14 % hatten zumindest eine Verteilerbeschriftung und eine Adernummerierung.

- Auf Installationsplan und Stromlaufplan sowie Beschriftung der Anlage konnte bei 11 % der Anlagen zugegriffen werden, allerdings wurden auch hier Ergänzungen und Änderungen nur unzureichend nachgetragen.
- Nur 6 % der Anlagen wiesen eine vollständige Dokumentation auf.
- Betrachtet man nur die KNX-Anlagen und beschränkt sich auf die Programmierung, sind nur 32 % der Kunden im Besitz einer Kopie der aktuellen Programmierung ihrer Anlage.

Ob meine Erfassung repräsentativ ist, muss ich offen lassen, aber sie kann zumindest dazu dienen, an Ihr Bewusstsein zu appellieren, das Thema nicht schleifen zu lassen.

Ihr Kunde hat einen berechtigten **Anspruch auf folgende Unterlagen**, die Sie ihm am besten sauber getrennt mit Registern in einem Ordner übergeben:

- überarbeitetes Raumbuch mit Stand der Projektübergabe
- gepflegtes Pflichtenheft
- Installationsplan mit Legende
- Verteilerplan
- Verteilerlegende
- Kabelliste
- Patchpläne
- IP-Liste, Zuweisungen Portlisten
- Prinzipschema, Linienplan der Anlage
- Prüfprotokolle, Messberichte, Abnahmen
- Beschreibung der Logik, Grenzwertliste, Angaben zu Kalibrierungen
- Geräte und Bauteilliste, Anleitungen, technische Dokumentationen der verwendeten Komponenten
- Wartungshinweise
- Unternehmerliste, mit Verantwortlichkeiten
- Bedienungsanleitungen
- ETS-Projekt-Daten (ohne die ETS selbst)
- sonstige Projektdaten (z. B. Visualisierung)
- Plug-ins und spezielle Zusatzsoftware von Geräten, die nicht über die ETS bedient werden, Applikationsprogramme usw.
- Übersicht der verwendeten Geräteversionen und Software-Stände

- Liste der Zugangsdaten und Passwörter (möglichst versiegelt und nicht für jeden zugänglich)

Diesen Ordner sollten Sie eins zu eins kopieren. Die **Kundenversion** sollte auch bei Ihnen im Haus zu finden sein. Gleicht Ihr Ordner exakt dem Ihres Kunden, können Sie bereits am Telefon dem Kunden Auskunft darüber geben, wo er bei Fragen die entsprechende Antwort findet.

Fertigen Sie von der gesamten Projektdatei ein **Backup**. Dies kann durchaus auf einem externen Speichermedium erfolgen. Lagern Sie diese Backups mit entsprechender Sorgfalt und beachten Sie dazu die gesetzlichen Vorgaben.

Hierzu ergänzend ein Auszug aus den **KNX-Projektrichtlinien**:

Sicherheit nach Softwareübergabe
Der Integrator kann mit dem Kunden eine Vereinbarung treffen, in der die Garantieleistungen geregelt sind, wenn die Software dem Kunden ausgehändigt wird.

Backup
Der Systemintegrator ist zudem verantwortlich dafür, dass der Kunde bei Bedarf auf die aktuellen Projektdaten zurückgreifen kann. Er hat insbesondere dafür zu sorgen, dass das erstellte Projekt und alle dazugehörigen Daten bei ihm sicher gesichert werden.

Übernahme der Software von einem anderen Integrator
In der Praxis kann es vorkommen, dass ein Projekt von einem Integrator zum anderen wechselt. Die Software soll zwingend via Bauherr/Aufraggeber von einem Integrator zum anderen Integrator übertragen werden. Damit der „neue Integrator" das Projekt im Sinne des Kunden weiterführen kann, ist der „alte Integrator" verpflichtet, die absolut aktuelle Version der Projektdaten an den Kunden auszuhändigen. Der „neue Integrator" hat die Software umgehend nach Erhalt auf Vollständigkeit zu prüfen. Denken Sie immer daran, dass der Ruf von KNX erhalten bleibt. KNX ist ein offenes Bussystem und genau dies ist auch seine Stärke.

15.4 Die Übergabe

Übergeben Sie die Anlage an den Kunden mit einer Einweisung. Lassen Sie sich diese **bestätigen**. Händigen Sie die Dokumentation immer persönlich aus. Der Kunde wird sich über eine Erklärung, die allerdings sehr kurz gehalten sein sollte, dankbar zeigen.

15.5 Die Nachbearbeitung

Der erste Schritt der Nachbearbeitung erfolgt im Rahmen der Nachprogrammierung (s. Abschnitt 15.2).

Es hat sich bewährt, während des Gewährleistungszeitraums beim Kunden nachzufragen, wie er mit der Anlage zufrieden ist und ob alles in Ordnung ist. Somit bleiben Sie im Bewusstsein und der Kunde fühlt sich gut aufgehoben.

Anhang

Informationen zu sicherheitsrelevanten Anlagenteilen

Das ZVEI-Merkblatt 82021 „Vernetzte Sicherheitstechnik, Schnittstellenübersicht uns Ausblick auf die IP Vernetzung“ gibt Ihnen die Möglichkeit, mehr über die Zusammenhänge und die Gefahren, die entstehen können, wenn sicherheitsrelevante Anlagenteile vernetzt und integriert werden sollen, zu erfahren.

Hilfreiche Downloads

Die KNX-Organisation bietet auf ihrer Internetseite viele hilfreiche Downloads an, die ich Ihnen nur nahelegen kann, zumindest als Gedankenstütze. www.knx.de/knx-de/download/index.php

Abkürzungen mit Struktur

In Plänen und in der Programmierung sowie bei Kabelbeschriftungen bietet es sich an, mit Abkürzungen zu arbeiten. Daher an dieser Stelle ein paar Vorschläge, die Sie im Laufe Ihrer Projekte verfeinern und vervollständigen können. Die Kombination aus der Abkürzung für einen Raum und die einer Funktion ergibt sehr schnell einen Code, der für alle Beteiligten eine einheitliche Bezeichnungsstruktur vorgibt. Zur Erklärung ein Beispiel:

Bezeichnung im Plan, in der Programmierung und als Kabelbeschriftung: WZ_L_1.3.1

WZ steht für das Wohnzimmer, L erklärt uns, dass es sich um eine Leuchte handelt, die am Aktor 1 auf dem 3. Kanal als erste Leuchte eines Schaltkreises für mehrere Leuchten angeschlossen ist. Die 2. Leuchte dieser Linie hätte dann die Bezeichnung WZ_L_1.3.2.

Nehmen wir nochmals das Beispiel „Esszimmer im Erdgeschoss“ aus der Adressvergabe (s. Abschnitt 12.2). Zur Aufgabe gehörte die Steuerung von zwei Jalousien, einer gedimmten Deckenleuchte, zwei Wandleuchten je links und rechts der Tür, jedoch auf einen Schaltkreis, sowie eine geschaltete Steckdose, um den Fernseher stromlos zu machen. In diesem Beispiel würden wir folgende Abkürzungen verwenden:

EZ_JA_1.1
EZ_JA_1.2
EZ_L_1.1.1
EZ_L_1.1.2
EZ_LD_1.1
EZ_SA_1.2

Wir haben in Anlehnung an die KNX die nachfolgenden **Abkürzungen für Funktionen** festgelegt. Die Liste kann bei Bedarf erweitert werden.

A = Alarmkontakte (Sammelalarme/Alarmanlage)
AF = Außenfühler
BL= Beamer-Lift
BO = Backofen
BW = Bewässerung
BWV = Bewässerungsventil
DA = Dunstabzug
DE = Deckenleuchte als Einbauleuchte
DF = Dachfenster
DFF = Dachflächenfenster
DG = Dampfgarer
DL = Dach – Lichtkuppel
DMX = DMX-gesteuerte Leuchte
E = Energiezähler und Monitoring
FM = Fenstermotor
FG = Fliegengitter
FK = Fensterkontakt (mechanischer Kontakt)
G = Garagentor (Tore allgemein)
GM = Gardinenmotor
GS= Geschirrspüler
H = Heizung
HE = Herd
HH = Handtuchheizkörper
HK = Heizkessel
HKV= Heizkreisverteiler
HV = Heizventil, Stellventil Heizung
JA = Jalousie
KF = Kochfeld
KM = Kaffeemaschine
L = Licht allgemein
LD = Licht dimmbar
LDA = Licht dimmbar DALI
LED = LED Lichtband
LU = Lüfter
LW = Leinwand
M = Markise
MK = Magnetkontakt, Reedkontakt
MM= Multimedia
MS = Motorschloss
MW= Mikrowelle
P = Pumpe allgemein
PS = Pufferspeicher
RGB= Farblichtsteuerung LED
RGBW= 4-Kanal Farblichtsteuerung LED
RM = Rollladen
RK = Riegelkontakte
S = Steckdose
SD= Steckdose dimmbar (nur nach besonderem Wunsch und im Bauwerk klar gekennzeichnet)
TK =Türkontakte
TF =Temperaturfühler
TR = Trockner
TVL = TV Lift
U = Uhren
V = Ventilatoren
VM = Vorhangmotor
WA = Waschmaschine
WS = Wetterstation
WP = Wärmepumpe
WW = Warmwasserspeicher

Zur **Raumnamenabkürzung** verwenden wir folgende Bezeichnungen:

AK = Ankleide	GZ = Gästezimmer
AR = Anschlussraum	HR = Heizraum
AZ = Arbeitszimmer	HWR = Hauswirtschaftsraum
BU = Büro	K1 = Kinderzimmer 1
BZ = Badezimmer	K2 = Kinderzimmer 2
CP = Carport	KB = Kinderbad
DB = Dachboden	KU = Küche
DI = Diele	NR = Nebenraum
EZ = Esszimmer	SZ = Schlafzimmer
FK = Flur Keller	TE = Treppe EG
FE = Flur Erdgeschoss	TO = Treppe OG
FO = Flur Obergeschoss	TU = Treppe UG
GA = Garage	WC = Toilette
GB = Gäste Bad	WK = Weinkeller
GW = Gäste WC	WZ = Wohnzimmer

Patchfeldliste

Das folgende Beispiel zeigt eine Patchfeldliste.

		Symbol	Dosen Nr.	Zielbezeichnung / Raum Nr.	Name	Endgerät LV-Pos. IP Adresse
1/2	4x2x0,6 Cat.7		1.1	Zimmer 2 OG/L		
	4x2x0,6 Cat.7		1.2	Zimmer 2 OG/R		
3/4	4x2x0,6 Cat.7		1.3	Zimmer 1 OG/R		
	4x2x0,6 Cat.7		1.4	Zimmer 1 OG/L		
5/6	4x2x0,6 Cat.7		1.5	Schlafen OG/R		
	4x2x0,6 Cat.7		1.6	Schlafen OG/L		
7/8	4x2x0,6 Cat.7		1.7	Schlafen OG/R		
	4x2x0,6 Cat.7		1.8	Schlafen OG/L		
9/10	4x2x0,6 Cat.7		1.9	Bad 1 OG/L		
	4x2x0,6 Cat.7		1.10	Bad 1 OG/R		
11/12	4x2x0,6 Cat.7		1.11	Gäste EG/L		
	4x2x0,6 Cat.7		1.12	Gäste EL/R		

Bild A.1 Muster einer Patchfeldliste

Port		Kabel	Dose	Raum	Gerät	IP
13/14	A	4x2x0,6 Cat.7	1.13	Garderobe EG/L		
	B	4x2x0,6 Cat.7	1.14	Garderobe EG/R		
15/16	A	4x2x0,6 Cat.7	1.15	Panel EG/L	Touch Eingang	192.168.0.152
	B	4x2x0,6 Cat.7	1.16	Panel EG/R	Touch Küche	192.168.0.153
17/18	A	4x2x0,6 Cat.7	1.17	Arbeiten EG/L		
	B	4x2x0,6 Cat.7	1.18	Arbeiten EG/R		
19/20	A	4x2x0,6 Cat.7	1.19	Arbeiten EG/R		
	B	4x2x0,6 Cat.7	1.20	Arbeiten EG/L		
21/22	A	4x2x0,6 Cat.7	1.21	Küche EG/L		
	B	4x2x0,6 Cat.7	1.22	Küche EG/R		
23/24	A	4x2x0,6 Cat.7	1.23	Schlafen OG/R		
	B	4x2x0,6 Cat.7	1.24	Schlafen OG/L		

Index	Änderung	Datum 22.02.XX	Name				
				Projekt:	Muster		Elektro Mustermann
			En	Projekt Nr.			99999 Musterstadt
				Plan Nr.			Tel. 09999-11 Fax 12
				Bl. 1	v. 2	EDV-VT Patch 1	eMail: info@Elektro.de

Bild A.1 Muster einer Patchfeldliste (*Fortsetzung*)

Stichwortverzeichnis

VDE
VERLAG
Technik. Wissen.
Weiterwissen.
BIRGIT WILKES
SMART HOME FÜR ALTERSGERECHTES WOHNEN
Systemlösungen in Neubau und Bestand
Auf Technikwissen bauen:
Darstellung hilfreicher Systemlösungen für Smart Home!
Das Werk beleuchtet nicht nur die technischen Aspekte von Smart Home-Technologien und -Systemen, sondern auch die Bedürfnisse und Anforderungen der Nutzer. Mit Beispielen, Tipps und akzeptierten Systemlösungen von AAL-Projekten.
Preisänderungen und Irrtümer vorbehalten. Das Kombiangebot bestehend aus E-Book und Buch ist ausschließlich auf www.vde-verlag.de erhältlich. Dieses Buch können Sie auch in Ihrem Onlineportal für DIN-VDE-Normen, der NormenBibliothek, erwerben.
2016. 142 Seiten
34,– € (Buch/E-Book)
47,60 € (Kombi)
e Book
www.
Bestellen Sie jetzt: (030) 34 80 01-222 oder www.vde-verlag.de/170933

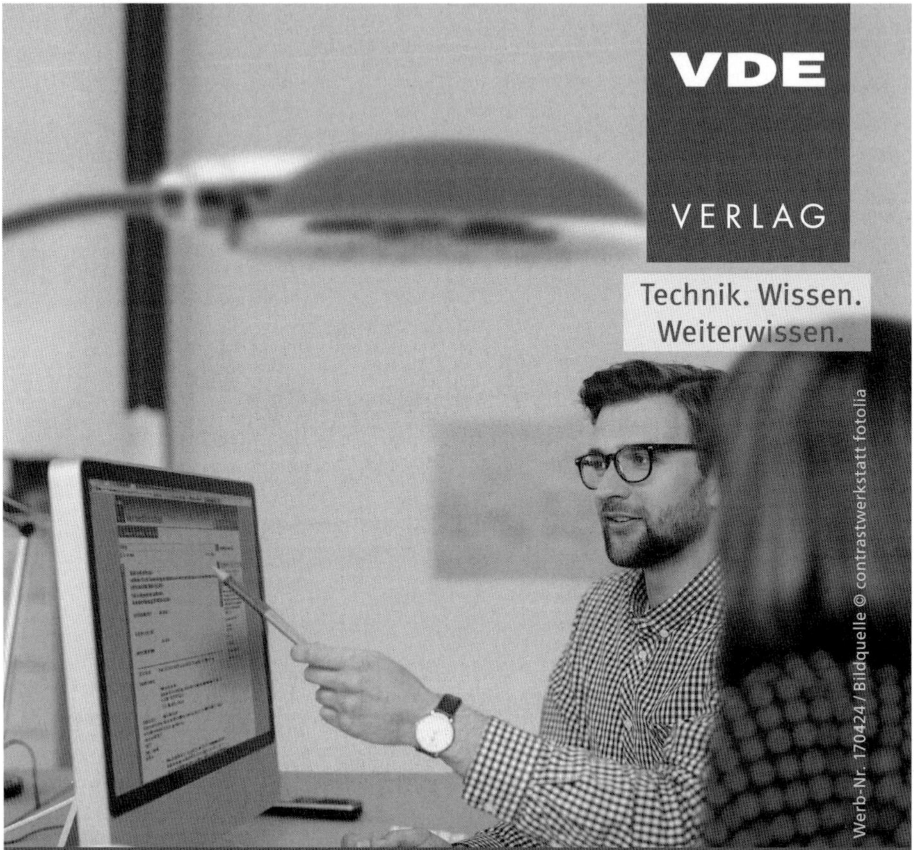